场（厂）内专用机动车辆事故案例分析

（2001—2021）

国家市场监督管理总局特种设备事故调查处理中心 组织编写

主编 孙仁山 曹宏伟

主审 谢铁军 王 辉

中国劳动社会保障出版社

图书在版编目(CIP)数据

场（厂）内专用机动车辆事故案例分析：2001-2021/孙仁山，曹宏伟主编. -- 北京：中国劳动社会保障出版社，2023

ISBN 978-7-5167-6199-1

Ⅰ.①场…　Ⅱ.①孙…②曹…　Ⅲ.①机动车-行车事故-事故分析-案例-中国　Ⅳ.①U469

中国国家版本馆 CIP 数据核字(2023)第 235561 号

中国劳动社会保障出版社出版发行

(北京市惠新东街 1 号　邮政编码：100029)

*

北京市白帆印务有限公司印刷装订　　新华书店经销

880 毫米×1230 毫米　32 开本　4.875 印张　106 千字

2023 年 12 月第 1 版　　2023 年 12 月第 1 次印刷

定价：40.00 元

营销中心电话：400-606-6496

出版社网址：http://www.class.com.cn

前　言

为做好特种设备事故防范等安全监管工作，在国家市场监督管理总局（以下简称市场监管总局）特种设备安全监察局的直接领导下，中国特种设备检测研究院（市场监管总局特种设备事故调查处理中心）组织专家对各地上报的场（厂）内专用机动车辆事故的事发经过和事故原因等材料予以分析研究，从人、机、环、管四个维度对事故致因进行深度挖掘、归纳提炼，查找事故演化规律，从事故中总结经验教训，辨识风险点，提出整改措施建议，防范系统性、共性风险，实现事故统计由数量统计向质量统计、由综合统计向分类统计的转变。

本书由市场监管总局特种设备安全监察局孙仁山提出编写基本原则、总体框架结构和体例设计，并对编写内容给予具体指导意见。编写组对资料整理、编写大纲、分章撰稿、统稿审核等进行了明确分工，并定期根据编写进度，组织会议进行集中研讨，重点解决编写的难点和存在的问题。

本书由孙仁山、曹宏伟主编，谢铁军、王辉主审。本书具体内容和分工如下：2001—2010 年事故案例由王军、张暴暴整理编写；2011—2014 年事故案例由王娟、袁晓、郭怀力整理编写；2015—2021 年事故案例由邱郡、吴兴华、柴兴和陈梁胜整理编写；全书由张峥、于莹进行统稿，李歌、邢中华、全薇、张宇

翔、刘凯悦协助统稿。

参加编写本书的人员本着对特种设备安全工作勤勉尽责的精神，付出了大量的时间和心血，在此谨向这些同志致以崇高的敬意！

另外，本书的案例研究仅是基于各地上报的事故、结案报告和收集的社会影响较大的相关事故通报等材料进行的分析，由于各地事故调查处理能力与资料整理上报完整性尚存在差异，使得研究工作具有一定的局限性，故内容不能作为特种设备事故定性和责任认定的依据。但通过案例分析总结的经验教训及防控风险点，可供企业相关人员参照制定内部安全管理制度。限于编者们的编写水平，书中难免存在不足之处，恳请读者批评指正。

编写组

2023 年 8 月

引言 …… 001
第 1 章 全国事故总体情况 …… 003
1.1 事故数量 …… 003
1.2 事故地区 …… 003
1.3 事故等级 …… 005
1.4 事故造成的人员伤亡 …… 006
1.5 事故造成的经济损失 …… 007
第 2 章 事故案例统计分析 …… 009
2.1 涉事车辆类别 …… 009
2.2 事故发生环节 …… 009
2.3 事故特征分类 …… 010
2.4 涉事叉车额定起重量 …… 011
2.5 事故发生时间 …… 012
第 3 章 事故致因分析 …… 014
3.1 设备因素 …… 014
3.1.1 制动器失效 …… 015
3.1.2 液压部件失灵 …… 015

3.1.3 电气装置故障 …… 016
3.1.4 灯光故障 …… 016
3.1.5 限速器失效 …… 016
3.1.6 其他部件故障 …… 017
3.2 人为因素 …… 018
3.2.1 行驶中瞭望不足 …… 019
3.2.2 视线受阻时违规正向行驶 …… 020
3.2.3 超速行驶 …… 021
3.2.4 超载作业 …… 023
3.2.5 货物未可靠固定 …… 024
3.2.6 货叉未落到低位 …… 026
3.2.7 车辆违规载人 …… 027
3.2.8 违规改变叉车用途 …… 028
3.2.9 停车不规范 …… 028
3.2.10 应急处置不当 …… 029
3.2.11 醉酒操作 …… 030
3.2.12 辅助人员及无关人员违规 …… 030
3.3 环境因素 …… 031
3.3.1 危险路段未减速 …… 032
3.3.2 地面缺陷 …… 033
3.3.3 弯道未慢行 …… 034
3.3.4 场地狭窄 …… 034
3.3.5 光线不足 …… 035
3.3.6 噪声过大 …… 035
3.3.7 天气因素 …… 036

3.4　单位管理因素 …… 036

3.4.1　员工安全教育培训不到位 …… 036

3.4.2　车辆管理不规范 …… 037

3.4.3　作业现场管理缺失 …… 037

3.4.4　作业环境管理不完善 …… 038

3.4.5　租赁管理制度未落实 …… 039

第4章　风险点及预防措施 …… 041

4.1　加强司机准入管理和教育培训考核 …… 041

4.1.1　严格执行司机准入管理和培训考核制度 …… 041

4.1.2　建立对司机继续教育的长效机制 …… 042

4.2　加强作业场所管控和现场管理 …… 043

4.3　做好设备的检查维护保养和修理 …… 043

4.4　提升设备的本质安全 …… 044

4.4.1　加装危险报警信号装置 …… 044

4.4.2　加装司机身份识别验证装置 …… 045

4.4.3　加装车辆安全监控管理系统 …… 045

4.4.4　加装电子围栏 …… 046

4.5　做好重点设备分类管理 …… 046

4.6　加强联合执法 …… 046

第5章　典型事故案例分析汇编 …… 048

5.1　与设备因素有关的事故案例分析 …… 048

5.1.1　制动器失效 …… 048

5.1.2　液压部件失灵 …… 052

5.1.3　电气装置故障 …… 053

5.1.4　灯光故障 …… 054

5.1.5 限速器失效 …… 054
5.1.6 其他部件故障 …… 055
5.2 与人为因素有关的事故案例分析 …… 060
5.2.1 行驶中瞭望不足 …… 060
5.2.2 视线受阻时违规正向行驶 …… 066
5.2.3 超速行驶 …… 077
5.2.4 超载作业 …… 085
5.2.5 货物未可靠固定 …… 091
5.2.6 货叉未落到低位 …… 097
5.2.7 车辆违规载人 …… 102
5.2.8 违规改变叉车用途 …… 110
5.2.9 停车不规范 …… 110
5.2.10 应急处置不当 …… 114
5.2.11 醉酒操作 …… 120
5.2.12 辅助人员及无关人员违规 …… 121
5.3 与环境因素有关的事故案例分析 …… 124
5.3.1 危险路段未减速 …… 124
5.3.2 地面缺陷 …… 127
5.3.3 弯道未慢行 …… 128
5.3.4 场地狭窄 …… 129
5.3.5 光线不足 …… 130
5.3.6 噪声过大 …… 131
5.3.7 天气因素 …… 132
5.4 与单位管理因素有关的事故案例分析 …… 133
5.4.1 员工安全教育培训不到位 …… 133

5.4.2 车辆管理不规范 …… 134
5.4.3 作业现场管理缺失 …… 136
5.4.4 作业环境管理不完善 …… 141
5.4.5 租赁管理制度未落实 …… 143

引　言

场（厂）内专用机动车辆应用行业广、数量多，在使用过程中存在流动性、危险性、频繁性及事故多发性，极易造成人身伤害和财产损失。列入《特种设备目录》（2014 版）[①] 管理的场（厂）内专用机动车辆，是指除道路交通、农用车辆以外仅在工厂厂区、旅游景区、游乐场所等特定区域使用的专用机动车辆，分为如表 0-1 所示的类别和品种。截至 2021 年年底，全国办理使用登记的场（厂）内专用机动车辆共 156.40 万辆。

---

① 2004 年 1 月，国家质量监督检验检疫总局公布《关于公布〈特种设备目录〉的通知》（国质检锅〔2004〕31 号），规定内燃平衡重式叉车、蓄电池平衡重式叉车、内燃侧面叉车、插腿式叉车、前移式叉车、三向堆垛式叉车、托盘堆垛车及防爆叉车等品种属于轻小型起重设备类别，归属于起重机械种类。

2010 年 1 月，国家质量监督检验检疫总局对《特种设备目录》进行第一次修订，发布《关于增补特种设备目录的通知》（国质检特〔2010〕22 号），规定增补场（厂）内专用机动车辆种类，设场（厂）内专用机动工业车辆及场（厂）内专用旅游观光车辆 2 个类别，设叉车、搬运车、牵引车、推顶车、内燃观光车及蓄电池观光车 6 个品种，并规定原《特种设备目录》中“内燃平衡重式叉车、蓄电池平衡重式叉车、内燃侧面叉车、插腿式叉车、前移式叉车、三向堆垛式叉车、托盘堆垛车、防爆叉车”调整为此增补目录中的“叉车”；原《特种设备目录》中“大型游乐设施观光车类”调整为此增补目录中的“场（厂）内专用旅游观光车辆”。

2014 年 10 月，国家质量监督检验检疫总局对《特种设备目录》进行第二次修订，发布《质检总局关于修订〈特种设备目录〉的公告》（2014 年第 114 号），场（厂）内专用机动车辆分类下设机动工业车辆和非公路用旅游观光车辆 2 个类别，设叉车 1 个品种。

表 0-1　　场（厂）内专用机动车辆分类

类别	品种
机动工业车辆	叉车
非公路用旅游观光车辆	

本书的事故设备均是符合上述定义和分类的场（厂）内专用机动车辆。

全书以 2001—2021 年市场监管总局特种设备事故调查处理中心登记的场（厂）内专用机动车辆事故（含相关事故，下同）为基础进行统计分析。

第1章

全国事故总体情况

本章内容以2001—2021年市场监管总局特种设备事故调查处理中心登记的场（厂）内专用机动车辆事故（含相关事故）为基础，对事故的数量、地区、等级、造成的人员伤亡及经济损失情况进行深入的统计分析。

1.1 事故数量

2001—2021年全国共发生场（厂）内专用机动车辆事故529起，年度事故数量情况详见图1-1。可见，2001—2018年场（厂）内专用机动车辆事故总体呈曲线上升趋势，在2018年达到最高峰，当年发生59起事故，万台设备事故率为0.90。2019—2021年，事故数量略有下降。

1.2 事故地区

2001—2021年场（厂）内专用机动车辆事故按照发生地区分

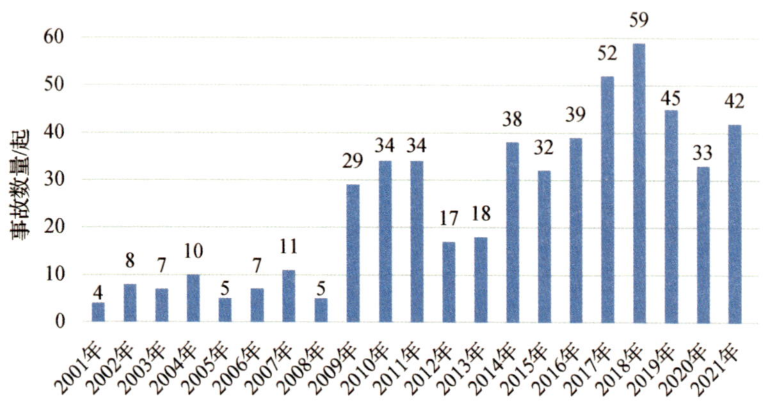

图 1-1　2001—2021 年场（厂）内专用机动车辆事故数量情况

成东部地区、中部地区、西部地区和东北地区①进行统计，事故情况见表 1-1。四个地区中事故最多的是东部地区，共发生事故 361 起。东部地区是经济比较发达的地区，制造业、物流、化工等行业较发达，叉车使用量大，因此发生事故的数量相对也较多。

表 1-1　2001—2021 年场（厂）内专用机动车辆事故地区情况

地区	东部	中部	西部	东北
事故数量/起	361	41	75	52

以 2019—2021 年来看（见表 1-2），从事故数量上统计，四大地区中东部地区发生事故最多；从万台设备事故率上统计，东北地区万台设备事故率最高。

① 国家统计局官方网站 2011 年刊发的《东西中部和东北地区划分方法》指出，根据《中共中央、国务院关于促进中部地区崛起的若干意见》《国务院发布关于西部大开发若干政策措施的实施意见》以及党的十六大报告的精神，将我国的经济区域划分为东部、中部、西部和东北四大地区（不包含港澳台地区）。

表 1-2　2019—2021 年四大地区场（厂）内专用机动车辆事故数量和万台设备事故率情况

地区	东部地区	中部地区	西部地区	东北地区
2021 年事故数量/起	25	2	7	8
2021 年万台设备事故率	0. 32	0. 15	0. 51	2. 08
2020 年事故数量/起	17	3	8	5
2020 年万台设备事故率	0. 26	0. 28	0. 73	1. 48
2019 年事故数量/起	28	5	7	5
2019 年万台设备事故率	0. 50	0. 54	0. 74	1. 47

1. 3　事故等级

2001—2021 年场（厂）内专用机动车辆事故等级情况如图 1-2 所示，事故主要包括一般事故和较大事故。其中，一般事故数量最多，发生 528 起，占比 99. 81%；较大事故 1 起，占比 0. 19%；未发生重大事故和特别重大事故。

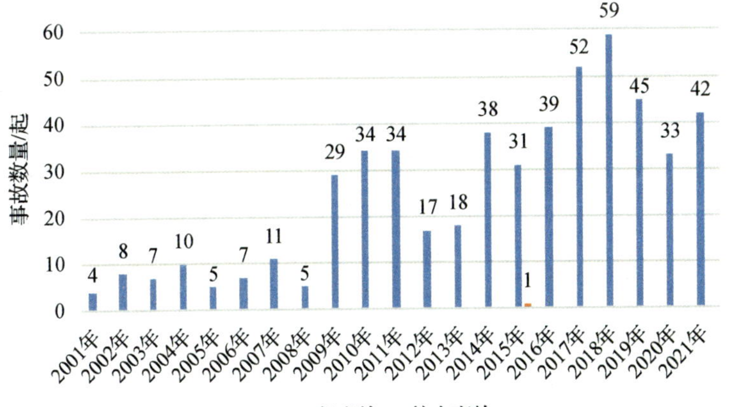

图 1-2　2001—2021 年场（厂）内专用机动车辆事故等级情况

场（厂）内专用机动车辆事故中，97.15%的事故为叉车事故。叉车事故发生率高，但受额定起重量、运行速度、作业范围和使用环境等方面限制，发生群死群伤事故率低。而非公路用旅游观光车辆载人数量多、使用环境复杂，一旦发生事故，易引发群死群伤。2015 年发生一起较大事故，两辆旅游观光车行驶至景区下坡路段，制动失效，在惯性作用下加速行驶，两车失控并先后发生碰撞及坠车，造成 3 人死亡、7 人受伤。

1.4　事故造成的人员伤亡

2001—2021 年场（厂）内专用机动车辆事故总共造成 473 人死亡、114 人受伤（如图 1-3 所示），平均每起事故造成 0.89 人死亡、0.22 人受伤，单起事故死亡率较高。在历年事故中，2018 年事故数量最多，这一年死亡人数也最多。

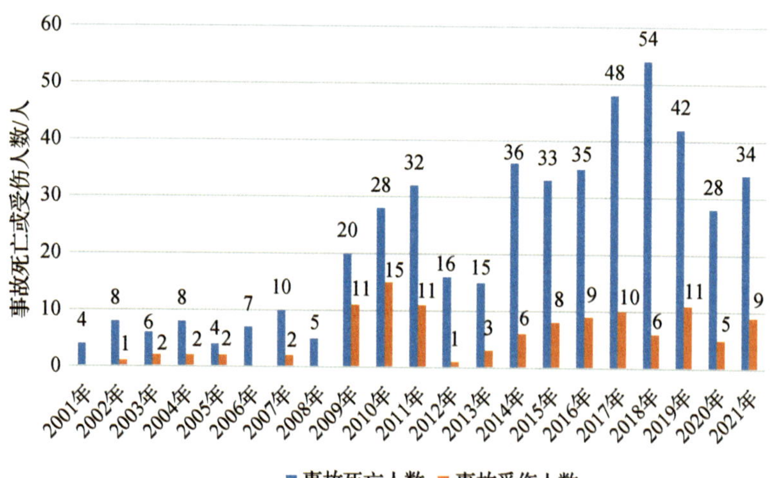

图 1-3　2001—2021 年场（厂）内专用机动车辆事故造成的人员伤亡情况

场（厂）内专用机动车辆事故伤亡情况按地区分析，东部地区和西部地区伤亡人数较多，这与两个地区设备使用量大，与发生事故率较高密切相关。按人员分类，事故伤亡涉及最多的是作业无关人员，这类事故数量占事故总量的 50.9%；其次是司机和作业辅助人员，这类事故数量占事故总量的 41.8%。作业无关人员闯入作业区内或司机操作不当碰撞行人引发事故较为突出。

1.5　事故造成的经济损失

2001—2021 年场（厂）内专用机动车辆事故造成的经济损失总体呈曲线上升的趋势，2018 年达到最高峰，2018 年事故总量也是最多的，随后的 2019 年、2020 年和 2021 年经济损失呈下降趋势，如图 1-4 所示。一方面，事故经济损失与事故数量具有相关性，事故数量增加，事故经济损失增加；另一方面，事故经济损失与经济发展具有相关性。事故经济损失分为直接经济损失和间接经济损失，这里涉及的经济损失是指直接经济损失，是指与事故直接相联系并且能用货币直接估价的人员伤亡、财产损失、应急救援与善后处理费用的总和。随着经济不断发展，这方面的相关费用在逐步增加，造成事故的总体经济损失在逐步增加。

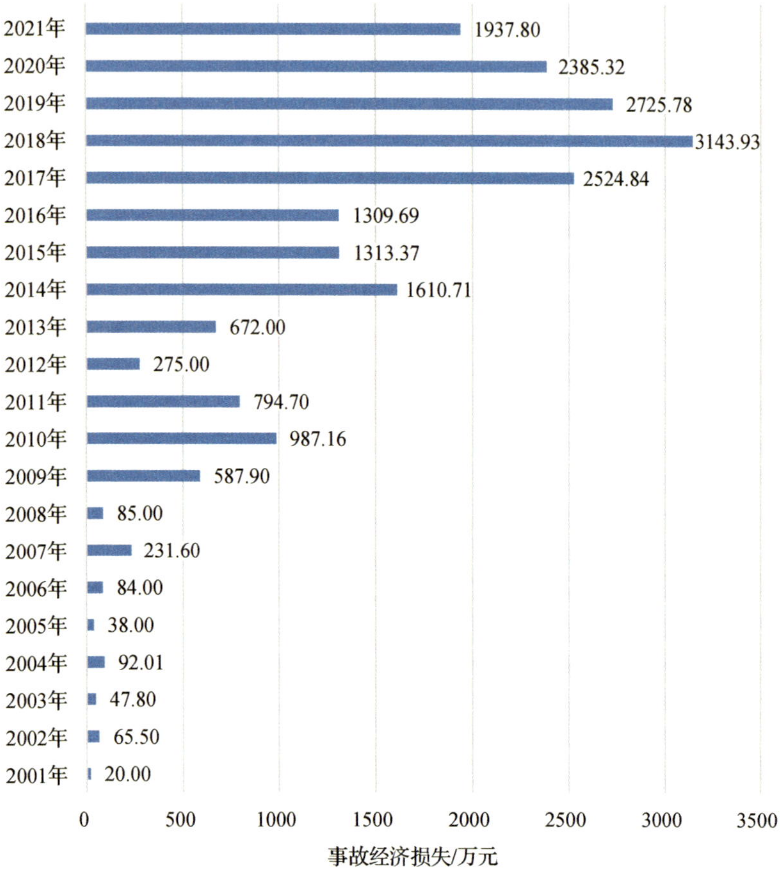

年份	事故经济损失/万元
2021年	1937.80
2020年	2385.32
2019年	2725.78
2018年	3143.93
2017年	2524.84
2016年	1309.69
2015年	1313.37
2014年	1610.71
2013年	672.00
2012年	275.00
2011年	794.70
2010年	987.16
2009年	587.90
2008年	85.00
2007年	231.60
2006年	84.00
2005年	38.00
2004年	92.01
2003年	47.80
2002年	65.50
2001年	20.00

0 500 1000 1500 2000 2500 3000 3500

事故经济损失/万元

图 1-4　2001—2021 年场（厂）内专用机动车辆事故造成的经济损失情况

第2章 事故案例统计分析

本章内容以2001—2021年市场监管总局特种设备事故调查处理中心收到的已结案的421起场（厂）内专用机动车辆事故案例为基础，对事故的涉事车辆类别、发生环节、特征分类、涉事叉车额定起重量及事故发生时间的分布规律进行统计分析。

2.1 涉事车辆类别

2001—2021年场（厂）内专用机动车辆事故案例中，机动工业车辆（叉车）事故409起，非公路用旅游观光车辆事故12起。

在叉车事故中，内燃平衡重式叉车事故数量最多，达到330起，占已记录产品类型事故数量的80.7%。该型式叉车是应用范围最广、用量最大的一种叉车，也是安全监管的重点、难点。

2.2 事故发生环节

2001—2021年场（厂）内专用机动车辆事故案例中，使用环节发生418起、维修保养环节发生3起。

从行驶和堆垛、拆垛作业等车辆作业运行状态的角度进行划

分，在行驶过程中发生的事故达到事故总数的 76.01%，其中大部分属于带载行驶；堆垛、拆垛作业过程中发生的事故达到事故总数的 15.91%；其他如停车等状态，事故数量占比为 8.08%（如图 2-1 所示）。

行驶环节中，事故发生最多的工况是在车辆正向行驶过程中，该类事故数量为 215 起，占比 67.19%；倒车工况事故数量为 56 起，占比 17.50%；转弯工况事故数量为 47 起，占比 14.69%；其他工况事故数量为 2 起，占比 0.62%（如图 2-2 所示）。

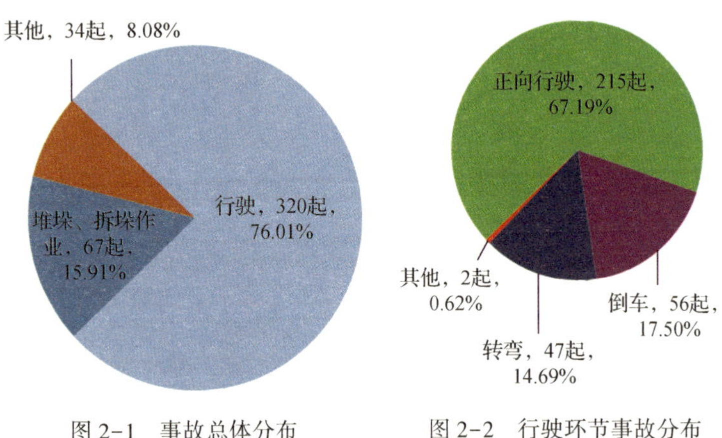

图 2-1　事故总体分布　　图 2-2　行驶环节事故分布

2.3　事故特征分类

根据场（厂）内专用机动车辆事故特征分类，一般可分为车辆货物碰撞、车辆倾翻、人员坠落、挤压、物体打击等类别。如图 2-3 所示，2001—2021 年场（厂）内专用机动车辆事故案例中，车辆货物碰撞事故发生 211 起，占事故总量的 50.12%；车辆倾翻事故发生 88 起，占事故总量的 20. 90%；人员坠落事故发生 58 起，占事故总量的 13. 78%；挤压事故发生 52 起，占事故总量的 12. 35%；物体打击事故发生 12 起，占事故总量的 2. 85%。

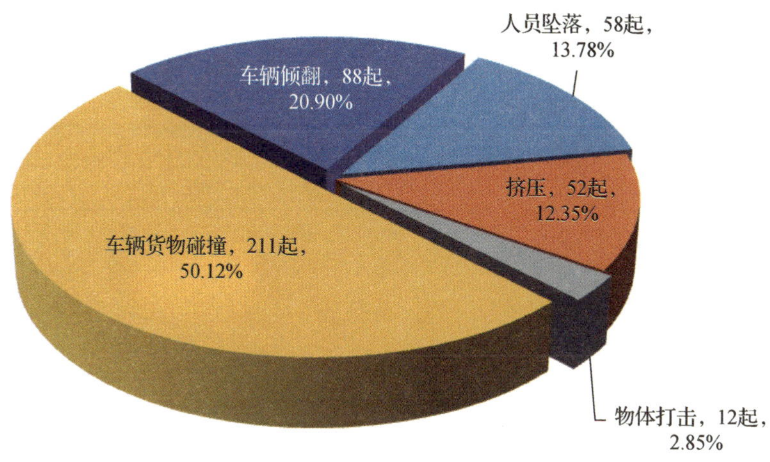

图 2-3　事故特征分类分布

2.4　涉事叉车额定起重量

2001—2021 年场（厂）内专用机动车辆事故案例中，97. 15%事故为叉车事故。在注明叉车额定起重量的事故案例中，2. 5~3. 5 吨（含）叉车事故数量最多，占到叉车事故的 53. 66%；1~2. 5 吨（含）叉车事故数量排在第二位，见表 2-1。这两类叉车是市场上在用量最大的主流车型。同时，逃避监管的无证车辆、无证操作人员也相应较多，违章作业数量多，因此，事故数量也是最多的。

表 2-1　涉事叉车额定起重量分布

额定起重量范围/吨	事故数量/起
≤1	6
1~2.5（含）	52
2.5~3.5（含）	176
3.5~5（含）	25
5~10	27
其他	42
合计	328

注：本表以事故调查报告中注明叉车额定起重量的事故案例为基础进行统计。

2.5　事故发生时间

2001—2021 年场（厂）内专用机动车辆事故案例按照月份统计，其中 3—8 月份事故相对较多，如图 2-4 所示。

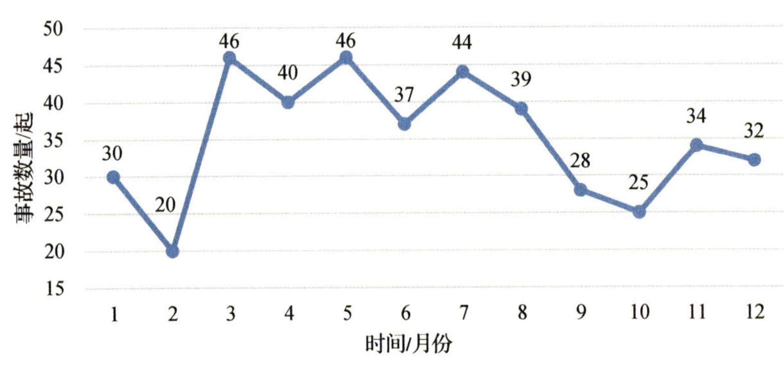

图 2-4　事故发生月份分布

从事故在一天时间内所发生的时段来看，9—11 时、14—16 时都是事故发生率较高的时段，如图 2-5 所示，这两个时段里叉车作业最为频繁。

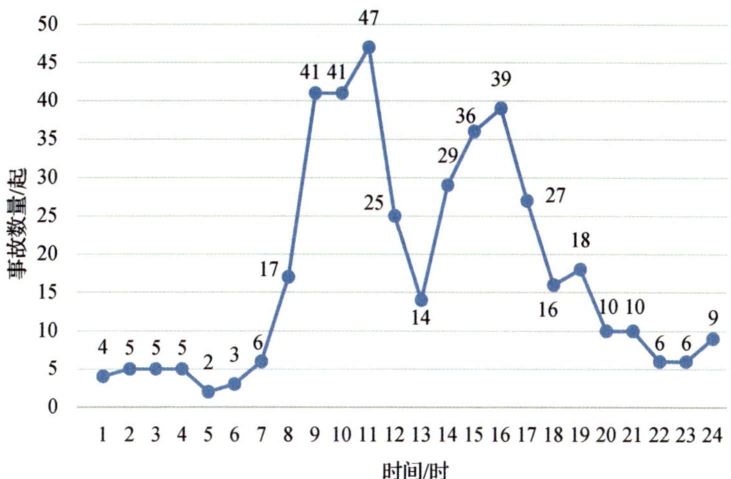

图 2-5　事故发生时段分布

第3章 事故致因分析

事故致因分析是发现事故原因、有效预防事故的工具。事故原因是导致事故发生的多重因素、若干事件和情况的集合，根据事故原因与后果之间的逻辑关系以及系统安全理论，包括物的不安全状态、人的不安全行为和不安全环境等直接原因，也包括形成事故直接原因的基础因素，即事故的间接原因，主要包括社会环境、管理以及个人因素等。具体来说，场（厂）内专用机动车辆事故致因可以从设备因素、人为因素、环境因素和单位管理因素四个方面进行分析。某一起事故可能由多重因素综合所致，本章的事故致因分析侧重于上述四个方面因素在一起事故中的具体体现形式，为针对性地进行事故预防提供参考。

3.1 设备因素

场（厂）内专用机动车辆在作业过程中必然会出现正常的磨损和损坏，企业须建立和落实车辆维护、修理和检查制度。驾驶员应在出车前、行驶中和停车后，对车辆进行检查，及时发现并排除各种故障和隐患。但现实中依然存在部分企业管理制度不完善、落实不到位，驾驶员心存侥幸，导致车辆“带病”作业而发生事故。设备因素主要体现在车辆的制动器、液压部件、电气装置、灯光、限速器以及其他部件（油门、后视镜、紧固件、限位销、货叉等）存在隐患或发生故障。

3.1.1　制动器失效

场（厂）内专用机动车辆制动器对安全行车起着重要的作用，一旦出现故障，不仅影响车辆的工作性能，还降低其可靠性和安全性，甚至因制动力不足或制动失效导致严重的人身伤害事故。

2017 年 7 月 1 日，重庆市某公司一辆非公路用旅游观光车行至园区内龙景桥附近第三个下坡弯道时，车辆没有转弯直接冲入绿化带，继续前行约 30 米后坠入湖中，造成 1 人死亡、4 人轻伤。经查，事故是因涉事观光车右前轮内侧刹车片因固定支架损坏脱落，且司机驾驶车辆车速过快，车辆制动器失效造成车辆转弯时超速失控所致。

3.1.2　液压部件失灵

叉车的液压部件，主要用于控制货物的升降和倾斜，一旦出现失灵等问题，叉车就无法正常装卸作业并可能对人员造成伤害事故，需要由专人进行修理。

2018 年 3 月 23 日，内蒙古自治区包头市某公司叉车司机作业完成后停车未熄火，将货叉升起距地面约 1 米的位置，附加货叉前端支在地面上。司机在处理液压管故障时，车辆液压缸突然泄压，约 150 千克重的货叉快速下降，将正在货叉下方作业的司机挤压致死。经查，事故是因涉事叉车货叉液压管与液压缸脱扣，液压系统失压，导致货叉突然下落所致。

3.1.3 电气装置故障

场（厂）内专用机动车辆电气装置故障主要表现为电源插接器接触不良，出现反复断电，影响设备运行及安全性能。

2019年1月15日，山东省泰安市某公司叉车司机驾驶叉车运送货物，因叉车反复断电停车，便从叉车右侧下车欲检查和维修车辆。当他右脚触碰了司机座椅右下方原本松动、接触不良的电源插接器时，叉车重新恢复电力，同时他的左脚碰到了叉车加速踏板，叉车失控行驶碰撞某一路人致其死亡。经查，事故是因涉事叉车电源插接器接触不良，叉车断电停车，司机检查维修但未按照安全操作规程要求采取有效停车措施所致。

3.1.4 灯光故障

场（厂）内专用机动车辆灯光故障主要表现是车辆大灯失效，夜间行车亮度过低，在司机注意力不集中或车速过快时，易引发安全事故。

2003年2月9日，广东省中山市某公司叉车司机驾驶叉车搬运货物，在搬运途中叉车行驶到转弯处时，与从场地内一辆牵引车右侧跑出的装卸工人发生碰撞，装卸工人倒地后经抢救无效死亡。经查，事故是因涉事叉车前大灯失效，夜间行驶时叉车司机精神不集中且车速过快，对道路环境未认真察看所致。

3.1.5 限速器失效

场（厂）内专用机动车辆作业环境复杂，若出现车辆限速器缺失或者失效，加上超速行驶的情况，势必会产生严重的安全隐患。

2017年4月24日，天津市某公司叉车司机驾驶叉车行驶过程中，叉车右侧前轮与通道右侧防护柱相撞，叉车向左侧翻，司机脱离驾驶位，头部被叉车护顶架左前部砸中，经抢救无效死亡。经查，事故是因涉事叉车限速器未能正常发挥作用，通电运行时不能正确显示叉车运行速度，司机超速行驶所致。

3.1.6　其他部件故障

其他部件故障主要有油门失效、后视镜损坏（或模糊）、紧固件断裂、叉车货叉无限位销、叉车货叉反装等，这类故障导致的事故隐患主要包括以下五个方面。

（1）油门突然失效，应急反应不当。

2015年3月4日，浙江省温州市某公司叉车司机在作业时，因倒车速度过快，撞上后方的装卸工，致其遭受挤压伤后经抢救无效死亡。经查，事故是因涉事叉车油门踏板（加速器）突然失效，叉车司机未及时采取制动、紧急断电等有效措施，操作失当，倒车速度过快所致。

（2）后视镜损坏（或模糊），导致产生观察视野盲区。

2018年5月23日，上海市某公司叉车司机操作叉车作业，转向时将货车司机挤压在叉车与仓库墙壁之间，致其受伤。经查，事故是因涉事叉车右侧后视镜缺失，司机在未确认周围环境安全的情况下左转弯，由于叉车后轮转向、转弯半径增大的驾驶特性所致。

（3）紧固件断裂，部件松动脱落。

2018年12月4日，上海市某公司叉车司机用叉车准备将圆筒装到卡车上，在起升圆筒时发现无法抬起，于是下车查看情况。旁边的一名员工擅自登上叉车驾驶车辆，并将圆筒抬起，此

时叉车尾部翘起圆筒滑落，叉车后轮落地，门架向驾驶位方向位移，压坏护顶架并挤压该员工致其受伤，后经抢救无效死亡。经查，事故是因涉事叉车整体车况差，存在门架固定件缺失、不完整的严重事故隐患，且无关人员擅自操作车辆致圆筒滑落，滑落作用力使后倾门架下端固定支点脱开所致。

（4）叉车货叉无限位销，叉齿侧向滑动。

2018 年 11 月 19 日，江苏省镇江市一喷涂作坊中，叉车司机在驾驶叉车进行搬运螺纹钢的过程中，叉车向左侧倾覆，司机被倾覆的叉车砸中当场死亡。经查，事故是因涉事叉车货叉无限位销，装载货物一侧落地后使货叉向另一侧滑动，形成的侧向推力导致叉车倾覆所致。

（5）叉车货叉反装，重心发生改变。

2019 年 1 月 28 日，江苏省无锡市某公司一辆叉车在行驶过程中，冲上路边堆放的废物垛，发生侧翻，将叉车司机当场压死。经查，事故是因涉事叉车被违规改装，将货叉反装，造成叉车重心升高，在车辆行驶过程中，叉车司机未注意行进路面的状况，冲上路边堆放的废物垛，叉车失去平衡所致。

3.2 人为因素

人的不安全行为包括违章指挥、违章操作和操作不当。场（厂）内专用机动车辆事故中人为因素涉及的人，包括车辆司机、作业相关辅助人员以及与作业区发生时空交叉的无关人员。本节内容重点关注叉车司机的不安全行为中的违章操作，具体体现为行驶中瞭望不足、视线受阻时违规正向行驶、超速行驶、超载作业、货物未可靠固定、货叉未落到低位、车辆违规载人、违规改变叉车用途、停车不规范、应急处置不当、醉酒操作、辅助人员及无关人员违规等情况。

3.2.1 行驶中瞭望不足

叉车在行驶过程中，叉车司机对叉车存在的视野盲区认识不足、瞭望不足，未集中注意力观察车辆作业行驶路线上的人员行走情况及周围障碍物，易发生碰撞、挤压行人等事故，特别是行驶在厂区交叉路口或进出车间大门时更是容易发生意外。因此，叉车司机在驾车行驶过程中要聚精会神，严禁驾驶时使用手机、对讲机等通信工具，要加强对行车路线上的环境观察，防止行人误入，在发生碰撞或者挤压时应及时采取停车等应急处置措施。叉车司机在驾驶过程中瞭望不足的事故隐患主要体现在以下三个方面。

（1）存在视野盲区瞭望不充分，碰撞行人。

2018 年 10 月 29 日，辽宁省葫芦岛市某公司叉车司机在公司内操作叉车搬运钢筋，叉车较高，倒车时将正在作业现场走过的钳工挂倒、碾轧致其当场死亡。经查，事故是因叉车司机搬运钢筋倒车时存在视野盲区，没有充分瞭望所致。

（2）未注意观察周围环境，碰撞行人。

2016 年 1 月 15 日，浙江省舟山市某公司叉车司机在驾驶叉车运送货物过程中，叉车倒退并左转时，尾部将正在车间作业的一名员工撞倒，致其被挤压死亡。经查，事故是因叉车司机倒车时未认真观察车辆周围环境，未确认倒车安全，在碰撞他人后未及时刹车所致。

（3）未注意观察周围环境，碰撞障碍物。

2018 年 12 月 15 日，上海市某公司厂区叉车司机驾驶叉车清

理障碍物，前行过程中碰擦到路面上的木架子，司机刹车制停后货物由于惯性向前倾覆，将站在叉车货叉上辅助作业的押运员压倒在地，后经抢救无效死亡。经查，事故是因叉车司机未提前检查并清理叉车行进路线中的障碍物，使叉车行驶过程中碰擦障碍物后货物倾覆所致。

3.2.2 视线受阻时违规正向行驶

叉车司机视线不良或者受阻时，按照《工业车辆 使用、操作与维护安全规范》（GB/T 36507—2018）中的要求，应当倒车或在专人指挥下低速行驶。但现实情况中，很多司机存在侥幸心理，在货物超过高度、宽度限制影响其正前方视线时，经常违规正向行驶。这种视线受阻也包括叉车升降货叉时瞬时影响司机正前方视线等情况，这些都给叉车行驶作业带来了严重事故隐患。

2010 年 6 月 2 日，上海市某公司一名叉车司机驾驶叉车至公司 2 号码头，在正向驾驶叉车向右转弯过程中，将码头上另外一名工人碾轧致死。经查，事故是因叉车司机在运载高大货物时视线被遮挡的情况下，没有按照标准的要求开倒车，违规正向行驶所致。

2011 年 4 月 5 日，广东省佛山市某公司叉车司机驾驶叉车，从造纸车间运载一卷高 1.36 米、重 1.3 吨的纸卷到车间外面的平板车上。叉车在驶出造纸车间门口左转弯进入直路时，将正在叉车前面沿同一方向行走的行人撞倒并压在叉车右前轮下，该行人被送医院后经抢救无效死亡。经查，事故是因叉车司机在货物阻挡视线时，没有倒车行驶，违规正向行驶所致。

2011 年 4 月 6 日，天津市某公司的叉车司机驾驶叉车运送货物，叉车货叉上叉有一个装满废蓄电池壳的铁箱（也称铁盘，长×宽×高为 1.65 米×1.65 米×1.3 米），从拆解车间行驶至竖炉熔炼车间左转弯时，躲过横向一辆正在作业的装载机后，叉车上的铁箱将正蹲在地上整理消防水带的清洁工撞倒并造成挤压，送医院后经抢救无效死亡。经查，事故是因叉车司机在铁箱遮挡视线情况下，违规正向行驶所致。

2011 年 4 月 10 日，辽宁省沈阳市某材料厂区内，叉车司机驾驶叉车从生产车间往工厂院内养生房运送半成品水泥砖过程中，在养生房门前将一名顾客撞倒，车辆的货架撞击其头部，致其当场死亡。经查，事故是因水泥砖在叉车的货架上码放数量过多，遮挡司机瞭望视线所致。

2017 年 8 月 4 日，安徽省马鞍山市某公司冷轧总厂南区包装业务的精整分厂甲区作业现场，某劳务公司叉车司机操作叉车运送 3 个尾卷，沿灰色通道行驶过程中，将正在作业的行车工（起重机地面遥控操作人员）撞倒并碾轧致死。经查，事故是因叉车司机在视线被遮挡时，未按规定采取有效措施，继续违规正向行驶，疏于观察所致。

3.2.3　超速行驶

叉车属于货物装卸与短途运输装备，设计时为了最大限度提高狭小空间内的转弯灵活性，会在侧向稳定性上做出一定牺牲。所以叉车的侧向稳定性相对其他车辆会低一些，转弯时对速度的限制比较严格，超速就会造成车辆倾翻事故。同时，短途运输装卸作业要求的短制动距离也制约了车辆的行驶速度。超速行驶是叉车使用过程中经常出现的违章事项，在不同的作业区域、环境或者场景下，比如主干道、弯道、狭窄通道、车间内等，对车辆速度限制的要求是不一样的。此外，非公路用旅游观光车辆载客

量大，且景区人员密集、流动量大，车辆使用环境复杂，如果不严格控制车速也容易引发事故，甚至造成群死群伤。

超速行驶的事故隐患主要体现在以下三个方面。

（1）转弯时操作不当、车速过快，造成叉车侧翻。

2010 年 3 月 30 日，上海市某厂加工配套车间叉车司机驾驶叉车沿厂区道路由南向东右转过程中，撞倒一名正在由东向西横穿厂区道路的电工，叉车右前轮碾轧其左侧大腿盆骨处，后经抢救无效死亡。经查，事故是因叉车司机驾驶叉车转弯时超速行驶，导致发现险情时刹车不及所致。

（2）叉车超速行驶，紧急情况下叉车司机无法及时制动，导致人员被撞击、碾轧伤害。

2011 年 8 月 14 日，上海市某公司叉车司机在驾驶叉车过程中，在人员密集区且有一定斜度的坡道上撞倒前方的清扫作业人员后，未能及时踩刹车，继续前行导致清扫作业人员被车轮碾轧致死。经查，事故是因叉车司机在转弯时车速过快且未减速鸣号行驶所致。

2017 年 3 月 13 日，江苏省扬州市某公司叉车司机驾驶空载叉车由北向南，靠着厂房内道路右侧行驶到五跨厂房时，将一名横穿道路的员工撞倒，又因车速过快，无法及时刹停，叉车从该员工身上轧过，后经抢救无效死亡。经查，事发时叉车行驶速度约为 16 千米/小时，远高于公司规定的行驶速度，事故是因叉车超速行驶所致。

（3）观光列车在转弯过程中，因车速过快离心力过大，造成车厢发生侧翻。

2011 年 11 月 15 日，上海市某公园观光列车司机驾驶一部内燃观光列车，第三节车厢（该内燃观光列车共三节车厢）发生侧翻，与前一节连接轴断裂，导致车上10人不同程度受伤。经查，事故是因观光列车司机在连续转弯过程中，操作不当、车速过快引发侧翻所致。

3.2.4　超载作业

叉车的额定起重量是指货物重心至货叉前臂的距离不大于载荷中心距时，允许起升货物的最大质量，以吨表示。叉车保持自身稳定平衡的条件，决定了载荷力矩不能超出车辆的平衡力矩。每辆叉车出厂时根据其性能配置，平衡力矩数值就已经确定了，并反映在性能参数表上。当货叉上的货物重心超出了规定的载荷中心距时，由于叉车纵向稳定性的限制，起重量应相应减小。因此，超载的含义不仅指起升的货物超过额定起重量，还包含起升超过相应中心距对应的货物最大质量。叉车违章作业行为中的超载作业现象比较多见。

2007年11月18日，黑龙江省哈尔滨市某公司车间在更换模具时，叉车司机暂时离开去另一车间卸钢管。车间主任为赶进度，无证操作叉车作业。在运输过程中模具滑脱，造成叉车车体颠簸，将违章站在叉车尾部压重的2名工人颠落坠地，导致1人死亡、1人受伤。经查，事故是因运送的模具超过叉车的额定起重量，2名工人站在尾部作为配重，车间主任无证操作造成模具滑脱所致。

2013年12月27日，广东省佛山市某公司购置了一台生产设备，需要从运输车上卸到生产车间。在使用叉车将设备从货车上卸到地面过程中，由于其体积大并且质量大于叉车额定起重量，在即将卸到地面瞬间，叉车车头往前跳动，导致叉车尾部弹起，放置在叉车尾部用于平衡的模具向驾驶室方向滑落并压住叉车司

机的身体，致其当场死亡。经查，事故是因叉车司机在货物质量超过叉车的实际卸货能力导致叉车尾部翘起而无法卸货时，违规将一块重约2吨的模具放置在叉车尾部进行平衡配重，并且没有做相应的防滑落固定保护措施，卸货过程中模具滑落所致。

2014年7月23日，上海市某公司叉车司机驾驶叉车运送集装箱，当叉车转弯时，由于车辆横向失稳，向左侧倾翻，造成叉车司机死亡。经查，涉事集装箱净重约2.2吨、宽度为2.43米、长度为6.05米，由于空间限制，叉车司机至少需要将货叉起升至高于2.9米的高度。但当叉车起升高度为3米时，允许最大起重量对应仅约2吨，叉车在超载作业运行过程中出现横向和纵向失稳状态导致事故发生。

2017年8月12日，黑龙江省哈尔滨市某物流公司叉车司机在卸货过程中，叉装的彩钢板滑落，造成一名员工大腿内侧开放性创伤，经抢救终因并发症死亡。经查，事故是因叉车司机违章作业，使用额定起重量3吨的叉车叉装3.6吨的货物造成叉车倾翻所致。

2021年5月13日，浙江省绍兴市某公司叉车司机操作叉车运送布匹，因路面破损，车辆行驶过程中发生震动并导致叉车失去平衡后向前进方向倾翻，车尾翘起，布匹从叉车上滑落后，叉车重新恢复平衡。在车辆恢复平衡的过程中，左后轮碾轧到一名从叉车尾部跳下的员工，致其当场死亡。经查，事故是因叉车司机超载运送44匹布，觉得叉车行驶不稳，让2名员工趴在叉车尾部作为配重，行驶过程中车辆失去平衡后货物滑落所致。

3.2.5 货物未可靠固定

叉车装载的货物形状多样，对于多数不规则物体，特别是超长、超宽、重心不明的物体，以及圆形（圆柱形）、具有光滑表面的物体等，装卸时必须进行可靠绑扎，确保在搬运过程中物体在货叉（托盘）上可靠固定。由于货物未可靠固定而造成的事故多见。

2014年8月25日，吉林省通化市某个体运输业主给白山市某公司业主送货（锅炉），公司业主找到叉车司机驾驶叉车帮助卸车，运输业主和公司业主在货车车厢上指挥作业。在卸货过程中，叉车司机发现锅炉在货叉上晃动，于是停住叉车、落下货叉，此时公司业主试图扶住晃动的锅炉，但锅炉倾倒将其砸伤，后经抢救无效死亡。经查，事故是因叉车卸载锅炉作业过程中未将其可靠固定，造成锅炉晃动倾倒所致。

2014年11月29日，天津某公司内有一辆货车和一辆叉车正在配合作业。外雇货车装卸工指挥叉车将货物举升到货车车厢上部并调整位置，叉车司机在拉好手刹并准备熄火停车时，托盘连同货物滑落，装卸工在躲避过程中从货车上坠落摔伤，后经抢救无效死亡。经查，事故是因事发时货叉未完全插入货物托盘，货叉托盘上的货物未放稳滑落所致。

2019年7月11日，广东省中山市某公司安装现场，叉车司机操作叉车运送锅炉用变压器控制柜。当叉车装好货物倒车行驶经过有钢板等异物处的地面时，车辆出现晃动，造成货叉上的货物重心不稳，发生摇摆并侧翻压倒在叉车旁帮扶的一名员工，该员工受伤后经抢救无效死亡。经查，事故是因叉车司机未将货物叉到位，且货物未后倾倚靠在叉车挡货架上，未采取固定防脱落措施，货物重心不稳发生侧翻所致。

3.2.6 货叉未落到低位

叉车出厂使用说明书中明确规定，叉车行驶前需将门架后倾并将货叉下降到低位以确保车辆的整体稳定性。在车辆行驶过程中，货叉如未降至安全高度，高举运行会使整机重心上移，车辆存在失稳、侧翻的可能性，进而引发事故。货叉未落到低位，在某些工况下，也会遮挡司机视野，形成视野盲区。

2011 年 3 月 18 日，重庆市某公司一名员工在操作电动液压堆垛车的过程中，经过一个小斜坡时，设备操作人员在前面牵引，因重心失衡，设备往前倒下，操作人员被压倒，当场死亡。经查，事故是因空载移动电动液压堆垛车过程中，其升降台处于顶端位置，使车体重心失衡所致。

2014 年 6 月 9 日，福建省漳州市某公司厂区内，叉车司机驾驶叉车将打扫出的垃圾从 D 栋仓库转运到南广场，叉车行驶到广场中央急转弯时突然向右倾翻，叉车司机随车倒地受伤，后经抢救无效死亡。经查，涉事叉车为单根货叉作业，为避免运输途中与地面接触，提升高度比双货叉悬挂的位置高，从而增大了垃圾袋在转弯过程的甩摆幅度，也增加了转弯时的离心力，车辆在转弯时发生侧翻导致事故。

2015 年 1 月 22 日，上海市某公司叉车司机操作叉车在进行货物搬运作业时，车辆发生侧翻致司机受伤，后经送医院抢救无效死亡。经查，事故是因叉车司机为了让叉车货叉可以通过货袋的吊耳提升搬运生产废料，在行驶中未将货叉降至安全高度，使叉车整机重心上移引发车辆侧翻所致。

3.2.7 车辆违规载人

叉车日常作业过程中，有些作业人员安全意识淡薄、存在侥幸心理，站在驾驶室旁、货叉上搭乘叉车，或者在货叉的托盘、货物上进行理货、拣货等作业，这存在很大的风险。叉车移动或者运行时，可能会造成人员坠落等伤害事故。

2014年3月14日，天津市滨海新区某公司一名员工被叉车货叉挤压受伤，经抢救无效死亡。经查，事故是因该员工站在空载转场行驶过程中的叉车货叉上不慎掉落所致。

2014年12月29日，上海市某公司的仓库管理员在5号仓库AE区堆放货物时，从叉车上坠落受伤，后经抢救无效死亡。经查，事故是因该管理员站在货叉上的金属笼（非标准叉车笼）内作业，叉车上升到高约6米的货架处时，管理员爬出金属笼发生坠落所致。

2016年10月16日，广东省深圳市某公司叉车司机在使用叉车抬升多层夹板时，叉车失去平衡，前倾倒地，造成4人受伤。经查，事故是因该公司的4名员工站在多层夹板上以保持夹板平衡，在叉车抬升过程中失去平衡前倾倒地所致。

2009年4月11日，广西壮族自治区柳州市某公司叉车司机驾驶叉车从一号纸机车间将施胶剂空桶（约50千克）运到公司老料场废品堆放处，当叉车倒开到料场下坡至坡中间时，由于叉车太偏向坡边而失去重心，右翻下坡，造成一名工友被挤压致死。经查，事故是因该工友违规站在叉车驾驶室旁边，叉车失去重心侧翻时受挤压所致。

3.2.8 违规改变叉车用途

《场（厂）内专用机动车辆安全技术规程》（TSG 81—2022）中将叉车定义为：可由司机直接操纵（含遥控），通过门框和货叉将载荷起升到一定高度进行作业的自行式车辆。实际使用情况中，违规改变叉车原本用途作为挂件支撑或者进行物体牵拉的作业工况时有发生。

2020 年 4 月 16 日，江苏省苏州市某公司一名无叉车作业证人员，驾驶叉车并在货叉上悬挂吊带起吊一件铁框架，作业过程中吊带从货叉上滑脱，铁框架落地侧翻砸中一名打磨工致其死亡。经查，事故是因无证人员将叉车违规用于悬挂吊带后配合两名打磨工进行铁框架翻身作业，吊带脱落所致。

2021 年 5 月 16 日，某市一仓库叉车司机在驾驶叉车进行作业过程中，将钢丝绳连接在叉车和钢带之间拖拉钢带，钢丝绳突然断裂，回弹击中司机头部致其当场死亡。经查，事故是因司机违规改变叉车用途用于拖拉钢带，连接钢丝绳断裂所致。

3.2.9 停车不规范

叉车停车不熄火或者遇到车辆故障、货物歪斜等需要临时处理的突发状况时，停车处置不规范会引起事故。在叉车作业过程中，会遇到如车辆故障、货物歪斜松动等情况需要停车熄火后进行处置的，叉车出厂使用说明书和企业安全教育培训、操作规程都有相应的规范处置措施和程序。但现实中仍存在因某些叉车司机安全意识淡薄、违反安全操作规程、停车处置不当造成的事故。

2017 年 3 月 5 日，天津市某公司烘干车间内，叉车司机在生产作业时从驾驶座位处向前爬出司机室，尝试关闭装料箱下部的插板，被叉车的内门架浮动横梁与外门架上横梁挤压颈部和后脑部致死。经查，事故是因叉车司机停车却未熄火，违规作业时身体下部触碰了起升操纵杆，使车辆内门架上升与外门架发生挤压所致。

2020 年 6 月 15 日，广西壮族自治区百色市某公司生产区热压车间内，一名员工在未通知专职司机的情况下，擅自开动未拔钥匙的叉车运送板材，导致叉车前溜，将另外一名员工挤压至热压机上烫伤。经查，事故是因专职司机下车离开叉车前，未按照安全操作规程要求停车，未关电门，未拉手刹并拔钥匙，其他无证人员擅自驾驶叉车作业所致。

3.2.10 应急处置不当

场（厂）内专用机动车辆作业环境复杂，作业对象多样，作业过程中遇到的安全影响因素非常多，行驶过程中遇到突发情况时，司机因公司管理松懈致教育培训不足、基本作业技能不足、野蛮操作等，常会引发因紧急情况下应急处置不当产生的事故。

2011 年 5 月 25 日，辽宁省营口市某公司成品车间叉车司机驾驶叉车运送垃圾，由于驾驶技术不熟练，车辆在行驶过程中失控，叉车侧翻将司机压在车下受伤，后经抢救无效死亡。经查，事故是因该司机缺乏基本应急处置意识与能力，在叉车失控后从叉车上跳下，遭受同时侧翻的叉车挤压所致。

2011 年 8 月 6 日，云南省昆明市某公司叉车司机在驾驶叉车装运货物时，在站台下坡处转弯过急，叉车车身发生倾斜，司机被叉车和货物压倒受伤，后经抢救无效死亡。经查，事故是因叉车司机缺乏必要的应急处置知识和紧急避险技能，在叉车发生倾

斜时跳下叉车并企图将叉车扶正，反被叉车压倒所致。

3.2.11 醉酒操作

《场（厂）内专用机动车辆安全技术规程》中明确规定，身体疲劳及饮酒后严禁操作车辆，由于管理疏忽及存在侥幸心理，醉酒操作车辆引发事故的情况时有发生。

2021 年 1 月 8 日，云南省玉溪市某公司叉车司机在驾驶叉车运输货物的过程中，料斗撞倒路边一名工人，该工人受伤后经抢救无效死亡。经查，事故是因叉车司机违规醉酒操作叉车所致。

3.2.12 辅助人员及无关人员违规

辅助人员由于安全教育不足，缺少安全意识，在作业区内站位不合理或操作不当易引发事故；无关人员由于安全意识淡薄，如在车间门口、通道口缺少观察，冒险进入观光车或叉车专用通道及工作区域，也容易引发事故。因此，要对这些人员采取合适的方式进行普及性的安全教育，增强其安全意识。同时，还应采取设定安全警示标志、画线、区域管控、确定安全距离等管理措施来防止无关人员进入作业区，或者防止生产作业活动对无关人员造成伤害。

2017 年 8 月 18 日，广东省东莞市某公司叉车司机驾驶叉车运送木材，叠放的木材发生滑动并侧翻，导致在旁辅助卸货的一名工人被砸伤，后经抢救无效死亡。经查，事故是因辅助卸货工人违规在叉车作业时未离开叉车作业区域，木材滑动侧翻所致。

2019 年 10 月 1 日，广西壮族自治区南宁市某公司叉车司机操作叉车卸木板，辅助工人指挥将木板堆放到指定区域。叉车在卸货倒车转向时，叉载的木板跌落，砸倒叉车右前方指挥的辅助工人致其死亡。经查，事故是因辅助工人在指挥叉车作业过程中站位不当且发现危险情况时未及时离开所致。

2013年8月19日，上海市某公司一名工人在车间弄堂里整理货物后直接起身出弄堂，被在通道里行驶的叉车撞倒受伤，后经抢救无效死亡。经查，事故是因该工人缺乏安全意识，从货架中间突然跑出，使在通道内正常行驶的叉车事故刹车所致。

2014年12月9日，上海市某物流公司卸货区内，叉车司机操作叉车利用叉齿将集装箱内的钢板往外拖曳。一名装卸工一直站在叉车与集装箱之间的作业区域内，见钢板一直无法拖出，为探明原因，便探头至叉车挡货架和集装箱门框之间查看，被正在作业的叉车挤压头部致死。经查，事故是因该装卸工缺乏安全意识，违规出现在作业区域冒失作业所致。

2018年6月11日，湖北省宜昌市某景区内的一辆旅游观光车在返程途中，转弯时突遇两名游客进入观光车专用道，车辆与游客发生碰撞，导致两人不同程度受伤。经查，事故是因两名游客违规进入观光车专用道，观光车转弯时避让不及所致。

3.3　环境因素

造成事故的环境因素主要包括危险路段未减速、地面缺陷、弯道未慢行、场地狭窄、光线不足、噪声过大、天气因素等。平整度、湿滑度等路面状态会对车辆稳定性和制动性能产生影响。车辆行驶路线、特殊区域及路段的划分与标识，装卸、堆垛等作业区域的隔离与围护措施，既可以警示场（厂）内专用机动车辆司机和相关作业人员，也可以提醒进入车辆行进路线或者作业覆盖范围的其他人员。

3.3.1 危险路段未减速

危险路段包括坡道、转角、交叉口等。路面有侧向斜坡或高低不平时，在未减速情况下可能导致车辆发生侧翻；经过转角处时由于转向不足、速度过快或转弯制动不及时易引发事故。此外，《工业企业厂内铁路、道路运输安全规程》（GB 4387—2008）中规定：厂内道路应根据交通量设置交通标志，其设置、位置、形式、尺寸、图案和颜色等必须符合国家标准的规定。车间门口、通道出入口和交叉口等属于作业危险区域，人、车辆进出频繁，存在视野盲区，司机驾驶车辆经过时，如果未减速行驶、没有发出鸣笛告知、未注意安全警示标志、未认真观察好车辆周围环境等，则极易发生事故。危险路段因素造成的事故主要体现在以下三个方面。

（1）坡道未刹车，造成车辆侧翻。

2015 年 6 月 1 日，云南省昆明市某公司叉车司机驾驶叉车前往门卫室取货，行驶过程中叉车失控，司机选择跳车，但叉车也随他跳车的方向侧翻，并压住司机喉咙部致其死亡。经查，事故是因叉车在下坡路段车速过快，司机采取紧急制动措施猛打方向盘，叉车晃动、失控侧翻所致。

2015 年 7 月 29 日，上海市某公司 2 号与 3 号仓库之间的通道内，叉车司机驾驶叉车在装卸作业过程中，叉车失去平衡向左侧翻，司机向左侧跳离时被压在侧翻的叉车下面，当场死亡。经查，事故是因司机未注意到叉车的右前轮压到 2 号月台坡道的边缘，叉车失去平衡侧翻所致。

（2）转角处未减速，导致车辆失稳。

2016 年 12 月 15 日，重庆市某化工公司叉车司机驾驶叉车行驶至二线包装与成品8号库间转角处，在直角转弯处叉车失稳侧翻，叉车司机被压于叉车框架下受伤，经抢救无效死亡。经查，事故是因叉车在转弯处速度过快，司机未减速、操作不当所致。

(3) 交叉口未减速鸣笛，引发事故。

2013年1月26日，浙江省舟山市某公司叉车司机驾驶叉车搬运货物，在行驶至1号码头引桥交叉口时将一名员工撞倒受伤，经抢救无效死亡。经查，事故是因叉车司机在经过交叉口时未细心观察周围情况，未减速鸣笛，违反规定驾驶所致。

2015年8月5日，广西壮族自治区贵港市某公司叉车司机驾驶叉车，未对前方车间门口可能有人员出入情况做预判，车间一名机修工在未确认道路安全情况下，突然从车间门口跃出到通道上，被经过的叉车撞倒致重伤，后经抢救无效死亡。经查，事故是因叉车司机在通道门口以20千米/小时的速度驾驶叉车超速通过，未做到“一慢二看三通过”，未鸣笛，撞倒突然跑出的机修工所致。

3.3.2　地面缺陷

地面缺陷包括地面松软塌陷、凹凸不平、有异物、过于光滑等，会造成车辆颠簸、倾翻或货物滑落以及车辆制动不及时等，导致事故发生。

2010年1月28日，上海市某公司叉车司机驾驶叉车在仓库门口装货，一名员工站在叉车货叉托盘的正前方与台阶的夹缝中往叉车上装货。在此过程中，叉车托盘滑落砸伤该员工，致其左脚骨折。经查，事故是因涉事公司作业地面不平整，叉车后轮下陷，叉车托盘滑落所致。

2015年1月27日，浙江省嘉兴市某公司叉车司机驾驶叉车

用钢丝绳拖行搬运清洗槽，车辆转弯时整体侧翻，司机后脑部遭受叉车护顶架撞击受伤，后经抢救无效死亡。经查，事发地面作业条件不符合有关国家标准，搬运过程中叉车左前轮陷入地面的圆形凹坑内（直径约为 1.6 米，深浅不均，最深处为 0.12 米），由于清洗槽质量较大（事发后经称重约 3 吨，超过叉车额定起重量），未能随叉车同时转向，叉车在钢丝绳的拉力下，车辆失去稳定性引发侧翻。

2018 年 12 月 11 日，浙江省金华市某公司厂房内，叉车司机在驾驶叉车搬运货物过程中，因货物超出叉车额定起重量，违规增加了配重块，在经过地面塌陷位置时配重块滑落，挤压叉车司机致其重伤，经抢救无效死亡。经查，事故是因涉事公司未采取有效措施消除地面存在的事故隐患，司机违规作业所致。

3.3.3 弯道未慢行

车辆通行地段为急弯（U 形弯）或者连续转弯且下坡处，没有设置明显安全警示标志、限速慢行标志等，车辆行驶过弯道时，未减速慢行会发生甩尾、侧滑，易引发事故。

2019 年 5 月 14 日，浙江省湖州市某公司司机驾驶观光列车实际载客 38 名进入 U 形回头弯道，在车辆弯道出弯过程中，末节车厢出现明显侧向滑移（甩尾）后发生侧翻，造成 1 人死亡、5 人受伤。经查，事故是因涉事车辆经过弯道时，司机选择的转弯半径过小，且未减速慢行，引发车辆侧翻所致。

3.3.4 场地狭窄

作业、通行场地过于狭窄，对车辆操作造成障碍，在人、车交汇处，容易发生碰撞事故。

2016年5月29日，江苏省南通市某公司叉车司机在货物存储车间驾驶叉车运载货物，不慎碰倒一名女工，并将其挤压在叉车与货物之间致其死亡。经查，事故是因事发公司存储车间货物（工件）堆放过于拥挤，叉车司机疏于观察周围环境所致。

3.3.5　光线不足

作业场所灯光照明不足，客观上降低了作业人员及时发现险情并采取相应避险措施的反应能力。

2015年7月31日，天津市某公司叉车司机驾驶叉车进行成品运输作业，当行驶至该公司加气生产车间成品搬运作业区时，在转弯上坡过程中，碾轧到躺在该区域地上的一名打包工，致其当场死亡。经查，事故是因事发现场照明不良，司机视线情况不好、观察不周所致。

2019年8月4日，甘肃省金昌市某公司叉车司机驾驶叉车装运货物，在前行过程中将在库房叉车行驶道路上打扫散落货物的一名清洁工撞倒碾轧，致其当场死亡。经查，事故是因事发仓库现场照明昏暗，叉车作业道路两边没有灯，能见度差所致。

3.3.6　噪声过大

作业场地环境噪声过大，覆盖了车辆的运行声响，会增大发生事故的风险。

2017年3月26日，江苏省镇江市某公司叉车司机操作一辆叉车装载货物，由于叉车司机提前向左转向使叉车偏离了正常靠右侧运行的行驶路线，撞倒行走在叉车运行道路的偏左侧区域的一名品管人员，致其被撞倒地并遭叉车前轮碾轧，经抢救无效死亡。经查，事故是因事发道路东侧的车间内设备运行噪声较大，

覆盖了叉车运行时的声响，该品管人员未能及时察觉后方运行的叉车所致。

3.3.7 天气因素

雨雪造成路面湿滑，大雾导致视线受阻，这些天气因素都容易引发事故。

2018 年 7 月 3 日，黑龙江省哈尔滨市某金属材料公司叉车司机在驾驶叉车作业时，叉车倾翻将司机砸伤，经抢救无效死亡。经查，事故是因事发当天忽降大雨，叉车司机操作不当引发叉车倾翻所致。

3.4 单位管理因素

单位对于车辆使用的安全管理缺失，包括员工安全教育培训不到位、车辆管理不规范、作业现场管理缺失、作业环境管理不完善、租赁管理制度未落实等方面。从已经发生的事故案例看，很多单位仍然存在诸多管理上的欠缺与不足，从而导致事故发生。

3.4.1 员工安全教育培训不到位

部分企业在对场（厂）内专用机动车辆司机进行安全教育培训时，只是将车辆安全操作规程、安全规章制度口头告知，对规章制度的学习及掌握程度要求不够；对与车辆作业相关的其他员工的安全培训大多停留在“注意安全”等笼统的要求上，安全培训内容不明确、不具体，安全培训力度不够。

2020 年 2 月 20 日，重庆市某公司叉车司机操作叉车向货车上叉装纸板，允许一名装卸工站在货叉上踩住纸板辅助作业。在叉车货叉举升至 2 米多高时，装卸工跌落至地面受伤，后经抢救无效死亡。经查，事故是因叉车司机违规允许装卸工在货叉上站立作业所致。事故反映出该公司安全管理制度不落实、安全教育培训不到位，叉车司机和辅助作业人员安全意识、安全技能十分欠缺。

3. 4. 2　车辆管理不规范

场（厂）内专用机动车辆钥匙未由专人管理，司机在短时离开或车辆熄火后未及时拔下钥匙，把启动钥匙留在车上，致使其他无证员工随意操作车辆，极易酿成事故。

2016 年 4 月 13 日，广东省茂名市某公司叉车司机因口渴回宿舍喝水，离开后另一名员工见叉车停在那里，于是在未经批准的情况下擅自用叉车吊起重量为 1 吨左右的石头粉。在转弯上斜坡进入车间时，因转弯过急、转变半径过小，导致叉车右倾斜，吊物大幅度摆动，引起叉车侧翻。该员工在跳车时，由于闪避不及被侧翻的叉车压中头部当场死亡。经查，事故是因叉车司机停车时虽将叉车熄火但未拔出钥匙，涉事员工未经培训擅自驾驶叉车所致。

3. 4. 3　作业现场管理缺失

很多企业的场（厂）内专用机动车辆使用现场管理缺失，作业规章制度落实不彻底，对违章行为未制止，未建立作业区人、车分行安全管理制度和规范要求，未在生产作业区设置专门的人行通道和车行通道，出现人、车混行的情况，或者作业现场存在交叉作业，这些都极易引发事故。

2012年7月25日，浙江省杭州市某公司叉车司机驾驶叉车与推送的百页车发生碰撞，导致百页车移位，撞击挤压另一名员工腹部致其受伤，经抢救无效死亡。经查，事故是因公司作业现场管理混乱，交叉作业安全区域和职责划分不清晰，对承包业务所要求的作业规章制度落实不彻底，未有效落实安全生产责任所致。

2015年1月10日，广东省江门市某公司利用叉车运送砂管纸到货车上，货车门关不上，货运司机要求叉车司机利用叉车撞击砂管纸，导致货运司机被叉车上的砂管纸撞击，并压在两辊砂管纸之间受伤，经抢救无效死亡。经查，事故是因公司作业现场管理缺失，监护措施不到位，无人对上述改变叉车用途从事高风险作业的违规行为加以阻止所致。

2020年9月27日，浙江省金华市某公司厂区的一名仓库管理员驾驶叉车运送钢卷，另一名员工与叉车同向而行。由于该员工未注意后方有叉车，斜着走向叉车正前方，导致叉车撞伤该员工并碾轧，后经抢救无效死亡。经查，事故是因公司未设置行人专用通道，人、车混行所致。

2020年6月13日，贵州省贵阳市某公司的施工现场，一名施工工人正在1号车间粉刷内墙，叉车司机驾驶叉车在运送成品桶装水的过程中，不慎撞倒用于粉刷作业的脚手架，导致高空作业的工人从脚手架坠落，造成其头部受伤，后经抢救无效死亡。经查，事故是因公司施工现场存在交叉作业情况，交叉作业管理制度未落实到位，现场安全管理缺失所致。

3.4.4 作业环境管理不完善

场（厂）内专用机动车辆使用单位应规范完善叉车的作业环

境，设置必要、醒目的安全警示标志，降低危险路段人员及车辆发生事故的风险。

2015 年 10 月 24 日，青海省海西蒙古族藏族自治州某公司叉车司机驾驶叉车运送货物，行驶经过锅炉房上煤仓门口，将正在打扫卫生的一名上煤工碾轧致伤，后经抢救无效死亡。经查，事故是因事发路段安全警示标志不醒目，行驶路线中的锅炉房上煤仓门口作业区域未隔离，公司日常安全管理不到位所致。

2019 年 3 月 27 日，宁夏回族自治区中卫市某公司叉车司机驾驶叉车在厂区运送沙包时，将厂区一名保洁人员撞倒受伤，后经抢救无效死亡。经查，事故是因事发道路未设置车辆行驶路线安全警示标志，交叉作业未采取有效隔离措施所致。

3.4.5　租赁管理制度未落实

随着企业运营模式的变化，使用单位租用场（厂）内专用机动车辆或者将场（厂）内专用机动车辆作业全部外包的情况逐渐增多。租用场（厂）内专用机动车辆时，使用单位需查验租赁设备是否经注册登记和法定检验等相关证明，并且不可由无证人员驾驶及操作，同时应签订相应的安全管理协议，明确双方安全责任，规范特种设备管理。

2016 年 3 月 18 日，浙江省温州市某公司叉车司机驾驶叉车从重型半挂牵引车上卸载一件红酒（高约 1.7 米），搬运入库过程中，撞倒在过道内同向行走的一名员工致其受伤，后经抢救无效死亡。经查，事故是因涉事叉车为该公司租用，但未核查租用的叉车及驾驶员是否有相应的作业资质，租用无证人员操作无证叉车所致。

2017 年 3 月 7 日，江苏省苏州市某公司叉车司机驾驶叉车从

货车上卸载货物，货物倾倒砸伤货车司机致其受伤，后经抢救无效死亡。经查，事故是因涉事叉车为该公司租用设备，未办理使用登记和未经检验且在工作性能上存在事故隐患所致。

第4章 风险点及预防措施

场（厂）内专用机动车辆事故的防控，与司机的专业技能、持证情况、受教育培训情况，作业人员、非作业人员的安全培训的程度，车辆重要部件的可靠性，特殊作业环境和作业场所的管理等都密不可分。车辆事故单独拿出来看，会有其偶然性、突发性，但从统计数据中看，更多的有其必然性。在本书第3章事故致因分析中，对应着车辆使用作业过程中或者安全管理方面的各个风险点或者各种风险事件，并且在某一起事故中，还能够看出事故是由多种风险的组合作用所致的。本章从系统安全原理和安全3E对策（安全教育对策、安全管理对策、安全技术对策）等维度进行分析，提出降低事故风险的主要措施。

4.1 加强司机准入管理和教育培训考核

4.1.1 严格执行司机准入管理和培训考核制度

统计分析表明，场（厂）内专用机动车辆事故中，无证人员涉及的事故较多。监管部门需要加强对场（厂）内专用机动车辆人员持证作业情况的监督管理，使用单位要加强本单位从业人员

以及租赁单位相关作业人员的管理，杜绝无证人员上岗、使用无证车辆的行为。

在所有的场（厂）内专用机动车辆事故中，人的不安全行为因素所占比例最高，其中又以司机行为为主。因此，使用单位加强对司机的安全知识和专业技能培训考核十分关键和重要，不能简单地以司机已经取得了作业人员证代替企业应当履行的作业人员管理职责。在培训考核中，尤其要关注本企业特殊的作业工况和环境，以及事故高发的行驶中的观察瞭望以及限制超速、超载和加强载货稳定性等操作技术要求，并且禁止疲劳驾驶及醉酒驾驶。

4.1.2 建立对司机继续教育的长效机制

场（厂）内专用机动车辆事故主要发生在行驶和拆垛与堆垛作业过程中，而行驶过程中发生的事故占比较大。长期在相同或者相似环境下作业，会导致司机产生安全意识降低或者麻痹大意的情况，使用单位应当对司机定期、不定期开展安全教育培训。在安全教育培训中，可以基于事故场景，培养正确规范的日常操作习惯，训练紧急情况下的应急处置操作，针对典型违规行为、作业环境和工况的变化、新发生的事故案例等，建立继续教育的长效机制。使用单位可借鉴公路交通管理的一些成熟经验，如累积记分制和罚款制等，将之用于场（厂）内专用机动车辆的驾驶管理。出现违规作业行为时，应区别行为的严重程度，强制对司机进行继续教育培训，必要时可与经济惩罚挂钩，这也是防止司机违规作业的重要手段。

4.2　加强作业场所管控和现场管理

场（厂）内专用机动车辆事故有相当的数量与作业现场管理缺失、作业现场的安全警示标志不明显、交叉作业有关，涉及的人员有司机、辅助作业人员、无关人员、路人、货运司机、清洁人员及装修工人等。作业场所的人员复杂、环境多变，不是当场的所有人都经过了安全教育培训，也不是经过安全教育培训的人员都能规范自身行为。因此，必须加强对作业场所的管控，对特殊路段、危险场所应设立醒目的安全警示标志，规范行人和车辆的行进路线，制定如叉车防御性驾驶安全管理规定，叉车领路管理规定，人、车分流管控实施方案等具体管理规定，降低人、车交汇及交叉作业的风险。

作业现场管理是防范事故最直接有效的手段，使用单位应当建立作业现场巡查制度，对于违章作业、冒险作业的情况应及时制止，并对相关人员予以惩戒。对于必须实施的交叉作业和多人参与的场（厂）内专用机动车辆的作业，应当派专门人员对作业现场进行组织指挥协调，对作业过程的规范化进行监督管理。

4.3　做好设备的检查维护保养和修理

场（厂）内专用机动车辆与设备本体因素有关的事故常常涉及非法改装、带“病”运行，故障的部件涉及后视镜、制动器、液压管路、油门，紧固件等。做好车辆的日常维修保养十分重要，使用单位可以委托有资质的单位定期实施。根据特种设备安全技术规范，设备的重大修理应当交由具有相应修理资质的单位

进行，禁止聘用无资质人员或由使用单位违规自行修理。在车辆日常检查方面，使用单位应当根据相关法律法规和安全技术标准规范建立完善的检查制度，每次出车前都应对车体各部件的完整性、安全性进行检查，定期检查各类紧固件、销轴、刹车系统，查看踏板的行程、阻力是否处于正常状态，检查各类插接器、接触器等是否安装牢固，经常检查电控连接处的各个连接头是否存在打火、松动、变颜色的地方，检查各个插头处是否存在腐蚀氧化情况。检查过程中，若发现故障、隐患应及时记录并上报，杜绝“小病没事”“带病运行”的侥幸心理。

4.4 提升设备的本质安全

针对场（厂）内专用机动车辆事故中人的不安全行为是主要因素的特征，除了加强人员资格准入和安全教育培训等管理手段和措施外，还可以基于事故案例和数据的分析，针对性地在车辆上增加安全技术防范措施，减少人为误操作和违章操作的可能，如增加提醒、警示和限制功能等，通过技术措施提升设备的本质安全，最终达到综合防范事故的效果。

4.4.1 加装危险报警信号装置

特种设备的场（厂）内专用机动车辆在作业过程中，由于作业环境复杂多变，司机和周边人员很难对变化的环境做出及时的反应，容易造成事故。通过历年来的事故案例分析，同样可以得出以上结论。因此，需要使场（厂）内专用机动车辆本体发出适当的声光报警信号，对作业区域的人员进行提醒或警示，建议加装具有对作业区域提醒或警示功能的装置，如转弯蜂鸣器和倒车提示装置，红光、蓝光示宽灯（倒车投射箭头）。也可以增加目视化标志，例如在车辆正面、侧面、尾部立柱或者轮廓线张贴红白/红黑相间的警示色或者反光安全标志，包括对车轮进行不同着色等，使得车辆行驶、作业过程中的“存在感”大大突出，对其他周边作业人员或者行走的人员提供警示，使他们可以及时进行避让。针对超速行驶的违章行为，可以增加超速警告和速度限制装置，采用限速器或者“蜗牛挡”来限定车辆在特定区域的运行速度。

4.4.2　加装司机身份识别验证装置

场（厂）内专用机动车辆钥匙无专人管理引起的事故中，有驾驶员短时离开的，有熄火后未及时拔下钥匙把钥匙留在车上的，此类情况目前在实际操作中管理难度大，造成了管理上的风险和事故隐患。应当根据《场（厂）内专用机动车辆安全技术规程》的要求，安装或者加装操作者权限信息采集装置，如指纹采集、人脸识别、身份磁卡等，通过与个人身份信息唯一绑定，对司机操作权限进行验证；加装操作者离席（离位）开关，实现对司机是否处于操作位置进行验证。这样可以实现从硬件上防范无证驾驶的发生，防止无证人员等未经授权擅自使用车辆以及司机未在操作位置的启动等情况导致的事故发生。

4.4.3　加装车辆安全监控管理系统

面对部分司机的危险操作行为，管理人员无法时刻进行监控纠正，建议加大技术防范方面的投入力度，加装车辆安全监控管理系统，将危险驾驶行为如未系安全带、超速行驶、超载作业、转弯未减速、货叉未降至安全高度、视线受阻情况下正向行驶等

进行实时检测监控，充分运用现代物联网技术，建立车辆管理的后方控制平台，减少违规、不当操作行为，补齐管理中的短板，降低事故发生率。

4.4.4 加装电子围栏

场（厂）内专用机动车辆需要在规定的区域内行驶，尤其是非公路用旅游观光车辆要按照设计的路线行驶。但现实中依然存在车辆驶离规定区域的情况，并且管理人员未及时发现或者不能及时制止。加装电子围栏将对这类事故隐患或违规行为如驶离固定区域、无关人员接近车辆等进行监控或者报警，及时提醒相关人员，通过智能化监管减少违规行为，降低事故发生率。

4.5 做好重点设备分类管理

根据统计分析结果，内燃平衡重式叉车事故量占场（厂）内专用机动车辆事故总量的绝大多数，根据涉事车辆额定起重能力特点，额定起重量为1~5吨的叉车居多，占已记录产品额定起重量事故总量的绝大多数。建议以事故发生较多的内燃平衡重式叉车和额定起重量为1~5吨的叉车为重点，加强技术研发，结合“双预防”工作做好重点监管。使用单位也应当做好本单位设备的动态风险识别，从重点设备监管和重大事故隐患整改出发，采取针对性措施降低事故风险。

4.6 加强联合执法

有些地方在探讨多部门联合执法、提升场（厂）内专用机动车辆尤其是叉车的监管效果方面做出了很多探索，成效显著。建议在地方政府安全生产委员会的统一领导下，强化市场监管、公安、住房城乡建设、城市管理等执法部门联动协作执法，由公安部门严厉打击“马路叉车”，查处在道路上行驶及停放的叉车，以及用于出租作业的无证无照车辆；住房城乡建设部门集中治理“工地叉车”，检查“两工地”房屋建筑工地和市政工程工地内叉车合法合规使用、作业人员持证上岗情况，查处“两工地”内叉车违法违规行为；市场监管部门全面排查“三区”（工厂厂区、旅游景区、游乐场所）内场（厂）内专用机动车辆的违法违规行为，加强规范“三区”外车辆检验、注册登记等；城市管理执法部门查处在城市人行道板及绿化带乱停乱放的叉车。事实证明，联合执法能够形成监管合力，对违法违规行为起到强有力的震慑作用，可以有效遏制无证叉车、无证驾驶、违章操作等违法违规现象。

第 5 章

典型事故案例分析汇编

5.1 与设备因素有关的事故案例分析

5.1.1 制动器失效

案例 1

事故概况：2012 年 3 月 26 日，浙江省衢州市某公司叉车司机（无证）驾驶一辆额定起重量为 3 吨的叉车，从退火车间运送一个 0.5 吨左右的铁桶到锻件车间。从锻件车间大门进入后，叉车沿车间通道行驶到第二锻件线和第三锻件线之间时，撞倒边打电话边横穿车间作业通道的一名冲床操作工，并从其身上碾轧而过，听到其他作业人员叫喊后司机才停车。该冲床操作工被送往医院后经抢救无效死亡。

设备状况：涉事叉车于 2009 年下半年购入使用，至事故前未对车辆进行定期检验和办理注册，仅不定期地对车辆进行维修保养。对该叉车进行技术检验，发现其存在着以下安全问题：

①喇叭失效；②行车制动力、驻车制动力严重不足；③刹车灯无效；④侧滑量超标；⑤离合器自由行程不符合要求；⑥转向轮胎胎面花纹深度不一致，气压不等。

经对该叉车安全性能检验，检验结论为不合格。

事故直接原因分析：①叉车司机无证操作，且在驾驶中没有注意观察周围情况；②冲床操作工横穿车间作业通道且未注意观察现场安全状况。

事故间接原因分析：①使用单位特种设备安全管理不到位。涉事公司未全面落实企业特种设备安全管理主体责任，未设置企业特种设备安全管理机构或配备专（兼）职特种设备安全管理人员，特种设备安全管理制度、岗位责任制度和安全操作规程未建立健全，日常的作业现场安全检查工作开展不正常。②涉事公司主要负责人（含管理人员）违章指派无证人员从事特种设备作业。③涉事公司对在用特种设备未主动申报注册，特种设备及其安全附件未实施检验；经检验，涉事叉车存在较大事故隐患。④特种设备作业人员无证上岗。⑤涉事公司安全教育培训工作欠缺，员工安全意识淡薄，缺乏自我保护意识。

案例 2

事故概况：2014 年 4 月 23 日，广东省东莞市某公司叉车司机驾驶叉车夹着两卷高 1.59 米的纸卷正面向前行驶，从仓库开往生产车间，纸卷离地约 0.2 米。当经过生产车间的两条纸板生产线之间的通道上时，司机没留意现场路况，驾驶叉车撞到了正从叉车前方左侧经过通道的一名锅炉工。当叉车司机发现撞人后踩下刹车，但叉车未能立即刹停，而是继续

往前行驶了一段距离才停下来。其间，叉车所夹的纸卷压住了被撞倒的锅炉工并将其向前拖行。当叉车刹停后，司机救出被压在纸卷下的锅炉工，并立即拨打120急救电话。救护车到达现场后，医生在现场判断该锅炉工已经死亡。

设备状况：依据标准规范对涉事叉车进行一系列的现场检验，得出了检验不合格项：①行车制动器刹车迟缓，当该叉车夹着另外两卷与事故发生时所夹尺寸、重量相近的纸卷以大约20千米/小时的速度向前行驶进行制动试验时，检验人员用力踩住刹车踏板后，叉车车轮仍向前滚动行驶了4米才能完全停止，地面未见刹车拖痕；②左侧大灯不亮；③制动灯不亮；④喇叭不响；⑤左侧后视镜损坏；⑥液压系统漏油严重。

事故直接原因分析：叉车司机驾驶涉事叉车撞倒锅炉工并使其身体受到挤压及拖行，最终受到多处严重钝性挤压损伤而死亡。

事故间接原因分析：涉事叉车行车制动器反应迟缓，遇到紧急情况时未能及时刹停，致锅炉工被撞倒后，继续受到挤压及拖行。

案例3

事故概况：2017年7月1日，重庆市11名乘客在某公园正大门左侧乘坐由福州市某公司（重庆分公司）观光车司机驾驶的蓄电池观光车，从该公园正大门左侧出发观光旅游。刚出发时，乘客A问司机公园的一些基本情况，感觉司机有些不耐烦，所有乘客均反映车开的速度有点快，特别是下坡时没有踩刹车的感觉。当车辆进入第一个下坡弯道时感觉是中速，进入第二个下坡弯道时，速度明显加快，观光车司机也没有拐弯，乘客 B 立即提醒："要撞墙了！"这时驾驶员才猛打方向，转过了第二个弯道，与右边的墙紧擦而过。也就在此时，车辆似乎失控，途经第三个下坡弯道，车辆没有转向，径直冲进约 30 米长的绿化带，乘客惊慌失措。乘客 C 问怎么回事，司机惊恐地回答："没有刹车！"随后观光车从绿化带中沿缝隙径直坠入湖中。就在观光车坠入湖前的一刹那，乘客 D 抱着 21 个月大的侄子跳车，摔倒在绿化带中。事故最终导致 1 人死亡、4 人受伤。

事故直接原因分析：涉事观光车的右前轮内侧刹车片的固定支架损坏，刹车片脱落缺失，同时由于右前轮制动分泵出现渗漏，使得制动管路中油压逐渐下降，从而造成右前轮制动失效、整车制动性能下降。当观光车行驶在长下坡路段时，由于制动性能下降，车速越来越快，同时左右前轮制动力严重不均衡，使得驾驶员难以控制，导致观光车在第三个下坡弯道处冲出道路，与绿化带中的树木碰撞造成车身等变形损坏，右前轮轮胎被扎破，最后坠入湖中。

事故间接原因分析：①观光车司机在驾驶观光车过程中车速过快，车辆行驶前未对制动系统性能进行认真检查，当发现车辆刹车失灵后，没有拉手刹制动，未采取有效处置方式，没有及时提醒车上乘客采取自救措施。②涉事公司车辆日常维护保养制度不健全，对涉及车辆安全性能的刹车片，未纳入日常维护保养的

检查范围；安全管理制度不细致、应急演练不扎实，发生事故后司机不知如何处置，如何开展自救、施救，不能最大限度地保证车上乘客的安全。③涉事公园管理处提供的车辆运行道路防护设施设置不够健全，安全警示标志缺失。

5.1.2 液压部件失灵

案例

事故概况：2018 年 3 月 23 日，内蒙古自治区包头市某公司叉车司机交接班后开始作业，先将两铁筐合金材料用叉车运至熔铸车间 2 号熔炼炉前，然后分别将其放入 2 号熔炼炉里。作业完成后，叉车司机将叉车开到 2 号熔炼炉南 5 米左右位置，首先将叉车货叉升起至距地面约 1 米的位置，附加货叉（长约 5.15 米）前端支在地面上，车辆未熄火。司机到车间找扳手后返回叉车位置，在处理液压管件故障时，车辆液压缸突然泄压，约 150 千克重的货叉快速下降，将正在叉车货叉下方作业的司机背部压住，致其死亡。

事故直接原因分析：事故叉车货叉液压管与液压缸连接螺母脱扣，密封胶圈损坏，液压系统失压，导致货叉突然下落。设备的不安全状态是导致此次事故的直接原因。

事故间接原因分析：该公司设备管理部门疏于对特种车辆的专项检查，致使作业者对叉车的使用、保养、维护及故障呈报认识不到位，对于发现的液压缸接口漏油现象没有及时采取停用叉车的有效处置措施。

5.1.3　电气装置故障

案例

事故概况： 2019年1月15日，山东省泰安市某公司叉车司机驾驶一辆蓄电池平衡重式叉车铲送奶产品至检包室进行检测。因叉车反复断电停车，叉车司机从叉车右侧下车欲检查维修车辆，右脚触碰了叉车座椅右下方原本松动的、接触不良的电源插接器，使得叉车重新恢复电力，同时左脚碰到了叉车加速踏板，叉车朝东南行驶碰撞到一个朝东南方向行走的路人，致其死亡。

事故直接原因分析： 由于叉车电源插接器接触不良，叉车行驶至设备清洗间拐角处时自动停车，叉车司机未按照叉车安全操作规程采取有效停车措施，造成叉车电源恢复后行驶碰撞路人。

事故间接原因分析： ①涉事公司落实特种设备安全管理主体责任不到位；②涉事公司作业人员未对叉车认真维护保养，未及时排除叉车电源插接器接触不良这一事故隐患；③涉事公司安全操作规程及规章制度不完善，对员工的安全教育培训不到位，未有效教育和督促从业人员遵守安全生产规章制度和安全操作规程；④涉事公司未建立并实施安全生产风险分级管控和隐患排查治理双重预防体系；⑤该叉车司机处置故障车辆不当。

5.1.4 灯光故障

案例

事故概况： 2003 年 2 月 9 日，广东省中山市某公司叉车司机在厂内将过道的成品搬运到成品仓。在搬运途中，当叉车行驶到转弯处时，因司机精神不集中和车速过快，不慎将该公司另一名员工撞倒，后经抢救无效死亡。

事故直接原因分析： ①叉车司机在精神疲劳的情况下，涉事公司仍安排其加班工作，致使叉车司机疲劳驾驶，精神不集中，作业时对道路环境未认真察看。②根据现场刹车痕迹，经对涉事叉车进行制动测试，在刹车痕迹同等的情况下，车速约为 15 千米/小时。涉事公司对叉车在厂内行驶明确规定为低于 10 千米/小时，且出事点又是转弯处。鉴于上述情况，叉车司机未按公司的规定及场（厂）内专用机动车辆司机的安全要求，超速行驶。③叉车前大灯失效，在夜间行驶时，严重影响司机视野。

事故间接原因分析： ①涉事公司对叉车的管理制度不够完善，叉车大灯失效后，未能及时进行维修，严重影响叉车的夜间行驶安全；②司机发现叉车大灯失效仍继续驾驶，违反有关安全要求。

5.1.5 限速器失效

案例

事故概况： 2017 年 4 月 24 日，天津市某公司叉车司机驾驶叉车在三期硫化车间内空车行驶时，叉车右部碰撞防护桩，致使车辆向左倾翻，将司机当场砸倒在车下，后经 120 急救人员确认当场死亡。

事故直接原因分析：涉事叉车司机在室内通道违反限速规定，超速行驶且操作不当。

事故间接原因分析：①涉事公司特种设备安全管理落实不到位，车辆行驶前工作交接时点检工作流于形式，未能及时发现事故叉车限速器存在不能正常发挥作用问题；②涉事公司对叉车限速器定期维护的相关规定未能得到较好落实；③涉事公司对防护桩设置的科学性、合理性预估不到位，使得防护桩未能起到安全防护作用；④涉事公司员工安全教育培训不到位，叉车司机安全意识淡薄；⑤涉事公司特种设备事故应急专项预案内容不完善，并未定期组织演练。

5.1.6　其他部件故障

案例 1

事故概况：2015 年 3 月 4 日，浙江省温州市某公司叉车司机在作业时，因倒车速度过快，撞上后方的一名装卸工，使其与钢质的房柱挤压受伤，送医院经抢救无效死亡。

事故直接原因分析：叉车司机在厂区内操作蓄电池平衡重式叉车，在倒车作业时，油门踏板（加速器）突然失效，未及时采取制动、紧急断电等有效措施，操作失当，造成车辆后方的一名装卸工被叉车挤压，受伤致死亡。

事故间接原因分析：①涉事公司未依法落实安全生产主体责任，对员工安全教育培训不到位，叉车日常维护保养不到位，安全管理制度落实不到位；②涉事公司主要负责不重视安全生产工作，未依法履行安全管理职责，未落实安全生产规章制度，未及时发现并消除生产安全事故隐患；③涉事公司安全管理人员对厂区安全没有严格把关，未按规定认真履行职责，未及时发现问题。

案例 2

事故概况：2018 年 5 月 23 日，上海市某公司叉车司机在驾驶叉车转向时，将送货司机碰伤。事发后，货车司机被送往医院进行救治。

事故直接原因分析：叉车司机在明知右侧后视镜缺失的情况下，仍继续驾驶该叉车作业。作业时，叉车司机在未确认周围环境安全的情况下左转弯，由于叉车为后轮转向且转弯半径大，导致叉车右后侧车身将伤者挤压在叉车与仓库墙壁之间，致其受伤。

事故间接原因分析：①涉事公司安全管理部经理未严格执行《叉车安全操作规程》的相关规定，未对安全装置（后视镜）缺失的车辆进行停用和维修，造成叉车在右侧后视镜缺失的情况下带故障运行，致使司机无法通过后视镜观察右后侧情况，存在生产安全事故隐患。②涉事公司现场管理部经理对作业现场监管不力，未及时制止现场作业人员的违规作业；对作业区域内的外来人员缺乏管理，未及时制止外来人员进入作业现场，造成外来人员误上装卸平台。③涉事公司对员工的安全教育流于形式，导致员工安全意识淡薄、违规作业。

案例 3

事故概况：2018 年 12 月 4 日，上海市某公司负责人委托员工 A 安排人员将热水圆筒装到一辆卡车上，员工 A 叫来一名叉车司机用叉车准备将圆筒装到该卡车上。叉车司机在起升圆筒时发现无法抬起，于是下车查看情况。这时员工 A 擅自登上叉车驾驶车辆，并将圆筒抬起。此时叉车尾部翘起，圆筒从货叉上滑落到地上。接着叉车后轮落地，门架向驾驶位方向位移，压坏护顶架并挤压正在查看情况的叉车司机致其受伤，后经抢救无效死亡。

事故直接原因分析：技术鉴定报告显示，涉事叉车整体车况差，存在门架固定件缺失不完整的严重事故隐患，同时在作业中存在捆绑货物（圆筒）的方式不当的情况。当员工 A 驾驶涉事叉车作业时发生货物滚落，货物的下坠冲击力拉紧捆绑的钢丝绳，使钢丝绳产生了强大的作用力造成原本就固定件缺失不完整的后倾门架下端的固定支点脱开，从而导致门架向后倾倒砸塌不牢固的护架顶（护顶架之前经过更换）。

事故间接原因分析：①涉事公司作为生产经营活动的组织者，安全管理混乱，未委托有资质的单位和有资质的人员从事此次生产活动。②员工 A 和叉车司机违章作业。员工 A 安排使用存在严重事故隐患的叉车作业，在自己无证情况下驾驶叉车，而叉车司机未制止员工 A 的违章驾驶行为。

案例 4

事故概况：2018 年 11 月 19 日，江苏省镇江市一喷涂作坊内，叉车司机在驾驶叉齿无限位销的叉车在搬运螺纹钢的过程中，装载货物一侧落地后使叉齿向一侧滑动形成冲击势能，所形成的侧向推力导致叉车倾翻，该司机被倾翻的叉车砸中，当场死亡。

事故直接原因分析：叉车司机无特种设备作业人员证，在不具备特种设备安全知识的情况下，擅自非法使用存在严重事故隐患的叉车装载货物。

事故间接原因分析：①涉事叉车投入使用前未经检验合格，未办理特种设备使用登记相关手续，设备本体存在多处事故隐患；②涉事叉车叉齿无限位销，装载货物一侧落地后使叉齿向一侧滑动加快形成冲击势能和侧向推力导致叉车倾覆；③涉事叉车存在无安全带、座椅与引擎盖连接松动、引擎盖与车体锁紧装置失效等缺陷，导致操作人员身体不能被约束于车体范围内。

案例 5

事故概况：2019 年 1 月 28 日，江苏省无锡市某公司一辆叉车将货叉反装，造成叉车重心升高。叉车司机在作业行驶过程中疏于观察，未注意行进路线的路面状况，致使叉车冲上路边堆放的废物垛发生侧翻，将叉车司机当场压死。

事故直接原因分析：①叉车司机在驾驶叉车运输石灰石

料包进仓库时，一次装载了两包料包，违反了公司《原料工段叉车安全操作规程》的“不得同时挑两包料”的规定；②叉车司机违章作业，作业时疏于观察，未注意叉车行进路线的路面状况，叉车右前轮开上废渣堆导致叉车失去平衡发生侧翻。

事故间接原因分析：①涉事公司对生产现场的安全监管不到位，对国家有关法律法规、技术规范及公司制定的安全管理制度和安全操作规程未能有效监督执行，未能及时发现并整改公司内长期存在的事故隐患（原料运输工段叉车货叉反装，叉车运输路线中的废渣堆区域管理不到位）；②涉事公司叉车班班长对公司原料工段叉车违规改装和长期反装货叉进行作业未有效制止；③涉事公司原料副工段长违章同意公司原料工段叉车违规改装和长期反装货叉进行作业；④涉事公司特种设备安全管理员在发现叉车货叉反装的事故隐患后，未及时督促整改到位；⑤涉事公司安环法务科科长对公司长期存在的事故隐患（原料运输工段叉车货叉反装，叉车运输路线中的废渣堆区域管理不到位）未及时发现并督促整改到位；⑥涉事公司生产副总经理对国家有关法律法规、技术规范及公司制定的安全管理制度和叉车安全操作规程未能有效监督执行；⑦涉事公司总经理未能履行督促检查本单位安全生产工作、及时消除事故隐患的职责。

5.2 与人为因素有关的事故案例分析

5.2.1 行驶中瞭望不足

案例 1

事故概况：2006 年 5 月 18 日，属于辽宁省锦州市某公司 B07 堆场的额定载重量为 6 吨、型号为 FD10628 的叉车，由与该公司签订劳务合同的单位派叉车司机驾驶。当天在为运输车装卸空集装箱时发现叉车有抖动现象，司机认为有故障，就向公司中央控制室报告，请求派人修车。公司在接到维修通知后，立即派人到作业现场进行维修。维修工在未向司机打招呼的情况下进入车底，叉车司机在没有进行认真观察的情况下，再次启动叉车时，车轮从维修工的头部轧过致其严重受伤，后经抢救无效死亡。

事故直接原因分析：①劳务合同单位叉车司机带故障操作设备，盲目行车未对周围环境进行观察；②公司维修工未按规定程序作业，属于违章操作。

事故间接原因分析：①公司特种设备操作（维修）人员无证上岗；②叉车使用单位在管理和协调上有疏漏。

案例 2

事故概况：2009 年 10 月 21 日，天津市某公司一名叉车司机（无证）驾驶叉车在进行倒车操作时，撞坏防护罩，掉入车间地坑之中。该叉车司机被叉车压在地坑内，后经抢救无效死亡。

事故直接原因分析：①叉车司机在未取得特种设备作业人员证的情况下上岗，擅自驾驶叉车卸装载机后桥；②叉车司机因在倒车过程中，压断装载机装配主线始端基础坑上方支撑钢板的钢梁，掉入基础坑内，导致本人被叉车防撞钢梁和前仪表板挤压头部致死亡。

事故间接原因分析：①涉事公司特种设备未按照法律法规要求履行检验验收手续、未履行注册登记手续；②涉事公司作业现场人员在交叉作业时，既无安全防护措施，也未设置安全警示标志；③涉事公司员工思想麻痹，习惯性违章作业。

案例 3

事故概况：2012 年 10 月 27 日，广东省佛山市某物流基地货运咨询服务部内，叉车司机驾驶一辆租用的叉车在仓库外叉了一车货驶进服务部周转仓库，进入仓库大门约 1 米后，没留意在仓库内有一个玩耍的儿童，叉车将其碰撞并碾轧致身体出血、头部变形，当场死亡。

事故直接原因分析：叉车司机无证驾驶叉车作业，在驾驶叉车运输货物时，安全作业意识不强，没有留意作业区域内其他人员的安全状况，导致叉车行驶中碰撞碾轧致人死亡。

事故间接原因分析：①涉事货运咨询服务部明知司机无叉车作业人员证仍安排其上岗作业。②涉事货运咨询服务部在叉车作业现场没有安排人员进行安全管理及现场指挥；没有对作业人员进行安全教育培训及安全交底。

案例 4

事故概况：2016 年 1 月 15 日，浙江省舟山市某公司叉车司机在驾驶叉车运送货物过程中，叉车倒退并左转时，尾部撞倒在车间作业的一名员工，并将该员工挤压致死。

事故直接原因分析：①叉车司机违章作业，在驾驶叉车倒退过程中，未认真观察车辆周围环境以确认安全；②叉车碰撞作业员工，将该员工夹在叉车尾部和坞墩之间挤压，最终致使其死亡。

事故间接原因分析：①涉事公司未配备特种设备安全管理人员；②涉事公司未制定特种设备安全管理人员岗位责任制度；③涉事公司未有效组织叉车作业人员安全教育培训；④涉事公司叉车安全管理混乱，在明知后视镜损坏、驻车制动器拆除的情况下仍使用该故障叉车，事故隐患排查治理不到位。

案例 5

事故概况：2016 年 7 月 19 日，江苏省宜兴市某公司在合成园区流通储罐区使用叉车运送原料时，发生叉车侧翻事故，造成叉车司机死亡。

事故直接原因分析：涉事公司叉车司机在运送货物时，没有注意到地面上的障碍物，右前轮压在遗留在地面上的楔形木块上，导致叉车总体重心失稳并侧翻。

事故间接原因分析：①涉事公司对生产现场的安全监管不到位，在叉车的常用行驶路线上，摆放有易导致叉车翻车的楔形木块，存在极大事故隐患；②涉事公司对国家有关法律法规、技术规范及公司制定的安全管理制度和安全操作规程未能有效监督执行；③涉事公司合成园区主任作为园区的主要负责人，未能有效履行《中华人民共和国安全生产法》规定的“督促、检查本单位安全生产工作，及时消除生产安全事故隐患”的职责，也未能履行公司安全生产责任制中规定的园区主要负责人的职责。

案例 6

事故概况：2017 年 1 月 12 日，江苏省常州市某公司内，一辆合力叉车在装运地板驶入压板车间门口过程中，将一名车间主任碾轧受伤，经送医院抢救无效死亡。

事故直接原因分析：①事发当时在厂区道路旁边行走的车间主任在未观察身后是否有车辆行驶的情况下，突然改变行走线路；②叉车司机在驾驶叉车过程中，未能及时发现车辆前方的行人。

事故间接原因分析：涉事公司未建立健全岗位责任制度和隐患排查制度等特种设备安全管理制度，对作业现场的隐患排查和监督管理不到位，对员工的安全教育培训不够。

案例 7

事故概况：2017 年 4 月 11 日，江苏省无锡市某公司发生一起叉车（托盘堆垛车）事故。该公司叉车司机在驾驶叉车运送减震器时，不慎将自己夹在叉车和卡车（当时停在公司车间内装货）之间受伤，经送医院抢救无效死亡。

事故直接原因分析：①叉车司机在驾驶叉车运送物料时，未注意叉车后方的卡车，不慎撞到了卡车尾部导致事故发生；②叉车司机无证上岗作业。

事故间接原因分析：①涉事公司未按照国家有关规定配备特种设备作业人员和管理人员，未按照国家有关法律法规、技术规范的规定，制定特种设备安全管理制度和安全操作规程；对生产现场的安全监管不到位；未对事故叉车进行法定检验和注册登记。②涉事公司主要负责人未履行《中华人民共和国安全生产法》第二十一条和《中华人民共和国特种设备安全法》第十三条规定的主要负责人的职责。

案例8

事故概况：2018年10月29日，辽宁省葫芦岛市某公司叉车司机在公司内操作叉车搬运钢筋，在倒车时将正在作业现场走过的一名钳工撞倒、碾轧，致其当场死亡。

事故直接原因分析：①涉事钳工在去维修港机作业时，没有走港机维修专用通道，违反涉事公司“非作业人员不得进入叉车作业区”的规定；②叉车司机在叉取钢筋后，倒车时没有充分瞭望；③涉事叉车吨位大，驾驶室距地面高，司机倒车时视野有盲区；④作业区现场没有标明作业区域，也没有提醒非工作人员禁止进入作业区的安全警示标志。

事故间接原因分析：①作业现场组织管理存在缺陷，作业过程中无协调指挥人员，作业区域划分不明显；②涉事公司制度执行不力、缺乏有效监督，员工不能严格执行公司安全生产方面的各项规章制度。

案例 9

事故概况：2018 年 12 月 15 日，上海市某公司厂区内，叉车司机正在驾驶叉车清理障碍物。叉车在前行过程中擦碰到路面上的木架子，刹车制停后货物（大块玻璃）由于惯性前倾，将站在叉车叉齿上辅助作业的一名押运员压倒在地受伤，后经抢救无效死亡。

事故直接原因分析：叉车司机违反《中华人民共和国特种设备安全法》的规定无证操作叉车，违反安全操作规程允许人员站在叉齿上手扶运输物品，且未提前检查并清理叉车行进路线中的障碍物（木架子）。在驾驶过程中，由于司机视线被装载的大块玻璃挡住，其又未安全按操作规程规定进行倒车行驶，导致叉车行驶过程中擦碰障碍物后，运输的玻璃倾覆致人死亡。

事故间接原因分析：辅助作业的押运员违规站在叉车叉齿上手扶运输物品。

5.2.2　视线受阻时违规正向行驶

案例 1

事故概况：2010 年 6 月 2 日，上海市某公司叉车司机驾驶叉车至 2 号码头，在叉车正向行驶并向右转弯过程中，将码头上一名工人碾轧致死。

事故直接原因分析：根据现场勘察情况分析，当叉车司机正向驾驶叉车向右转弯（即由原来向南转为向西行驶），车身完全转正后，由于门架及工具箱遮挡，该员工已完全处在司机的视野盲区，司机因看不到这名工人导致事故发生。

事故间接原因分析：①叉车司机在运载高大货物致视线被遮挡的情况下，没有按照叉车安全操作规程的要求开倒车，违规正向行驶；②涉事公司作业现场组织管理存在缺陷，作业过程中无协调指挥人员。

案例 2

事故概况：2011 年 4 月 5 日，广东省佛山市某公司叉车司机驾驶叉车从造纸车间运载一卷高 1.36 米、重 1.3 吨的纸卷准备卸到车间外面的平板车上。在驶出造纸车间门口左转弯进入直路时，将正在叉车前面沿同一方向行走的一名行人撞倒并碾轧致伤，后经抢救无效死亡。

事故直接原因分析：①叉车司机违章作业，在驾驶叉车转弯后直行时，没有靠右行驶，违反了驾驶员必须沿通道的右侧驾驶车辆，必须能清楚地看到运行的道路，并注意其他车辆、行人及安全间距的规定；②叉车司机在货物阻挡视线时，没有倒车行驶，违反了在运行状态时，如果载荷有碍视线，那么当车辆运行时，载荷必须位于车辆运行方向的后方的规定。

事故间接原因分析：①事发路段没有实行分道行车。根据《工业企业厂内铁路、道路运输安全规程》（GB 4387—2008）规定，宽度 9 米以上的道路，应划中心线实行分道行车。而事故现场道路宽约 11.7 米，没有实施划线分道行车措施。②事发路段没有安全警示标志。根据《工业企业厂内铁路、路运输安全规

程》规定，厂内道路应根据交通量设置交通标志，其设置、位置、形式、尺寸、图案和颜色等必须符合相关国家标准的规定。而事故发生时现场没有任何交通标志和标线。③在厂内道路两侧没有设置人行道。根据《工业企业厂内铁路、道路运输安全规程》规定，人流较大的道路两侧，要设置人行道。而现场没有实施人、车分流。④涉事公司安全管理不到位，叉车及其他特种设备安全管理制度不完善，没有在生产经营中落实安全管理制度和岗位安全责任制，安全培训、教育宣传不力。⑤涉事公司安全管理制度及叉车安全操作规程不健全，相关管理制度和安全操作规程未能在日常操作中贯彻执行（根据调查，叉车司机及叉车班班长均对公司管理制度及叉车安全操作规程不熟悉）；没有定期组织安全检查以发现并消除各种事故隐患；无叉车司机日常安全培训记录、安全交底台账，员工对安全生产的规定和自身安全防护知识不熟悉，在生产和操作中麻痹大意，习惯性违章作业长期未得到纠正。⑥涉事公司岗位安全责任制执行不力，存在管理盲区和漏洞。在事故发生当天，涉事公司共有 3 名主任在值班，但都没有履行好安全管理职责，以致事发路段在险象环生的情况下无人指挥和管理；对厂区道路安全管理不到位，厂区事故路段人流车辆密集，却长期没有实施人、车分流，安全防护措施不足。

案例 3

事故概况： 2011 年 4 月 6 日，天津市某公司叉车司机驾驶叉车运送货物，叉车前叉上叉有一个装满废蓄电池壳的铁箱（也称铁盘，长×宽×高为 1.65 米×1.65 米×1.3 米），从拆解车间行驶至竖炉熔炼车间。叉车在左转弯时躲过横向一辆正在作业的装载机后，叉车上的铁箱将正蹲在地上整理消防水带的一名清洁工撞倒并造成挤压，送医院后经抢救无效死亡。

事故直接原因分析：叉车司机驾驶载有较大铁箱的叉车，在视线严重受遮挡的情况下，未按规定倒行运送。

事故间接原因分析：①涉事公司作业现场的安全管理不到位。一是对叉车司机的违章作业未发现、未制止。涉事公司运输车辆安全操作规程明确规定："叉车叉运大型货物时，驾驶员若前视线被遮蔽时，应倒行运送。"调查发现，叉车司机平时在用叉车装运事发类似铁箱时一直是正向行驶的，始终未遵守该规定。而公司各级管理人员对该习惯性违章行为未发现，也未制止。二是对交叉作业缺乏安全管理。调查发现，事故发生时，在叉车司机驾驶叉车行进的通道上，横向还有一辆装载机正在作业，叉车在行进中需避让装载机；而同时涉事清洁工冲洗完车间地面后蹲在叉车行进通道的中部收盘消防水带。这样，在叉车行进通道的作业面上，既有叉车，又有装载机，还有清洁工。同时车间内噪声较大、光线较暗、作业环境较差。②涉事公司对员工的安全教育培训不到位。调查发现，涉事公司在对叉车司机进行安全教育培训时，只是将叉车安全操作规程、安全规章制度口头告知，司机对规章制度掌握得不够；对清洁工的安全教育培训大多停留在"注意安全"等笼统的要求上，内容不明确、不具体、不深入。③涉事公司安全管理制度不完善。该公司未建立生产作业区人、车分行安全管理制度，未在生产作业区设置专门的人行通道和车行通道，也未设置相应的安全警示标志。

案例 4

事故概况：2011 年 4 月 8 日，上海市某物流公司叉车司机驾驶一辆叉车进行装卸货物作业。当叉车载货进入仓库大门时，货物位于叉车行进方向的前方，司机视线受到遮挡，却未采取有效的防范措施。此时一名儿童从仓库内的办公室跑出来，被叉车前端货物撞倒。叉车司机未能及时发现该情况，继续行驶并右转约 2 米至磅秤处停下，将货物卸在磅秤上后，再向后倒车。此时，另一名员工发现有受伤儿童躺在叉车前面，立即叫停叉车，该儿童经抢救无效死亡。

事故直接原因分析：叉车司机驾驶叉车运输货物过程中，在视线受到阻碍的情况下，没有采取将载荷置于车辆运行方向后方倒行的规定操作方式。

事故间接原因分析：①涉事物流公司对场（厂）内专用机动车辆安全管理重视程度不够，未健全叉车管理制度和安全操作规程，使用未经定期检验的叉车，安排无证人员操作叉车；②涉事物流公司未遵守相关规定，未制止儿童等非业务相关人员进入园区，对作业现场疏于管理；③涉事物流公司员工未取得特种设备作业人员证，无证操作叉车作业。

案例 5

事故概况：2011 年 4 月 10 日，辽宁省沈阳市某公司厂区内，叉车司机驾驶叉车从生产车间往工厂院内养生房运送半成品水泥砖，在养生房门前将一名顾客撞倒后，叉车车轮从其头部轧过，致其当场死亡。

事故直接原因分析：该工人违章操作，严重违反了叉车安全操作规程，在叉车货物码放密度过大、瞭望视线被严重遮挡的情况下，仍盲目操作。

事故间接原因分析：①涉事公司没有依法履行特种设备使用单位的主体责任，长期忽视特种设备的安全管理，现场管理混乱；②涉事公司没有按照国家相关法律法规和安全技术规范的要求建立健全特种设备的相关管理制度，没有按要求办理特种设备的使用登记和定期检验，长期非法使用叉车；③涉事公司聘用没有特种设备作业人员资质的人员从事叉车作业，安全教育培训不到位，员工安全意识淡薄；④涉事公司管理人员没有特种设备作业人员证，缺乏特种设备使用管理的安全知识，致使特种设备使用现场管理混乱，无人监管危险作业场所。

案例 6

事故概况：2014 年 3 月 5 日，江苏省泰州市某公司叉车司机驾驶叉车运输两只空的铁质流转箱，自公司西侧半成品车间行至毛刺车间过程中，将正在路西侧同方向行走的一名保安撞倒。该保安被叉车托举架压住受伤，后经抢救无效死亡。

事故直接原因分析：叉车司机在驾驶叉车时，因道路中间有货车占道，故未按常规路线靠右行驶，而是沿道路西侧逆向行驶。同时，叉车司机在明知叉车在托举两个铁皮箱时会对驾驶视

线产生遮挡的情况下，依然违规正向行驶，从而未能及时观察发现前方同向行走的行人。

事故间接原因分析：①涉事公司安全管理工作不到位，特种设备安全管理规章制度不健全；相关责任人未履行职责，对厂内职工疏于管理；安全教育培训不到位，未能严格督促职工严格遵守安全规章制度和安全操作规程。②使用的叉车未依规检验，安全管理人员未持证上岗。③货物装卸场地设置不合理，装卸现场安全管理不到位。

案例 7

事故概况：2014 年 4 月 14 日，江苏省无锡市某公司叉车司机驾驶一辆叉车将成品电缆从车间送至施工场地时，撞倒本公司的一名仓库管理员致伤。伤者被送医院经抢救无效死亡。

事故直接原因分析：①叉车司机在驾驶叉车运送货物时，未遵守公司制定的《叉车安全操作规程》中关于“叉车行驶时应保持高度警惕，注意行人；禁止开快车，进出车间时速不准超过 5 千米/小时”的规定，疏于观察，超速行驶（时速约 10 千米/小时）。②叉车司机未执行在运行（即运输）状态时，如果载荷有碍视线，那么当车辆运行时，载荷必须位于车辆运行方向的后方等要求，却采取正向行驶的驾驶方式，形成局部观察视野盲区。

事故间接原因分析：①涉事公司安全操作规程制定不完善、安全教育培训不到位，相关负责人对公司制定的安全管理制度和有关安全操作规程执行情况的检查、监督不力；②涉事公司总经理未能履行督促、检查本单位安全生产工作，及时消除生产安全事故隐患的职责；③涉事公司安全管理人员未按照《中华人民共和国特种设备安全法》中关于“特种设备安全管理人员应当对特种设备使用状况进行经常性检查，发现问题应当立即处理”的要求，对公司内特种设备使用状况进行经常性检查；④涉事公司副总经理、生产总监未能完全履行对安全生产监督检查的职责。

案例 8

事故概括：2015 年 8 月 13 日，江苏省常州市某公司厂区内，叉车司机在驾驶叉车搬运、堆叠木质推盘时，将一名保洁人员撞伤，伤者被送往医院后经抢救无效于当日死亡。

事故直接原因分析：叉车司机在驾驶叉车运送木质托盘的过程中，违反涉事公司《叉车工安全操作规程》的规定（货物挡住视线，则应采取倒车行驶或请他人引路），在叉车前方视线被遮挡的情况，仍然强行驾驶叉车正向行驶，将正在短切毡车间门口道路上打扫卫生的保洁人员撞倒并碾轧，导致其因颅脑损伤死亡。

事故间接原因分析：①涉事公司对生产作业现场的事故隐患排查和安全监管不到位，未及时消除叉车货叉上货物堆放过高等常见事故隐患。在公司每月组织的叉车安全培训会议中，未见叉车司机的参会记录，未对其进行相关的安全教育培训。②涉事公司主要负责人未督促本公司安全管理机构和安全管理人员认真履行安全管理责任。

案例 9

事故概况：2017 年 2 月 21 日，江苏省宜兴市某公司厂区内，叉车司机在使用叉车搬运半成品坯布时，将正在路上行走的一名女工撞倒致伤，该女工经送医院抢救无效死亡。

事故直接原因分析：①叉车司机（外包工）在驾驶叉车运送超高货物时，在货物遮挡视线的情况下，仍采取正向驾驶的方式右转弯；②叉车司机未取得特种设备作业人员证违法上岗作业。

事故间接原因分析：①涉事公司未按照国家有关规定配备持证的特种设备作业人员，对特种设备及其运行情况的安全管理不到位，未对涉事叉车办理注册登记、申请报检并接受检验；②涉事公司对生产现场的安全管理不到位，未制定叉车岗位责任、隐患排查治理等安全管理制度和叉车安全操作规程，未与叉车司机签订安全责任协议，也未对其进行必要的安全教育培训；③涉事公司特种设备安全管理人员明知事故叉车未按照国家规定办理注册登记、申请报检并接受检验，存在严重事故隐患，但未采取任何措施；④涉事公司主要负责人未履行《中华人民共和国安全生产法》和《中华人民共和国特种设备安全法》规定的主要负责人的安全管理职责。

案例 10

事故概况：2017 年 8 月 4 日，安徽省马鞍山市某劳务公司承揽的某公司精整分厂作业区内，叉车司机在机组旁叉运了 3 个钢卷运往钢卷堆放处。叉车沿灰色通道从北向南途经

351 横切机组入口处附近时，将正在作业的一名行车工（地面遥控操作人员）撞倒致伤，叉车司机发现后下车察看，并立即报告当班作业长。伤者被紧急送往医院，但是经抢救无效死亡。

事故直接原因分析： 叉车司机违反叉车安全操作相关规定，提升钢卷的高度超过安全操作规程规定高度，在视线被遮挡的情况下未按规定采取有效措施而继续作业，并在疏于观察的情况下，将正在叉车前方作业的行车工碰撞、挤压致死。

事故间接原因分析： ①涉事劳务公司对员工安全教育培训不到位，安全巡检职责履行不到位，未及时发现、制止叉车司机的违章作业行为；②涉事劳务公司对作业现场安全管理不到位、监督不力。

案例 11

事故概况： 2017 年 9 月 27 日，安徽省芜湖市某公司内，叉车司机驾驶叉车在厂区搬运货物。根据事后调取视频显示，一名员工从公司大门进入，当行走至公司仓库第二个门前时，叉车司机驾驶着满载货物的叉车驶来，货物撞上了背对叉车正在往前行走的该员工，导致该员工被卷入货叉底部挤压，当场死亡。此时叉车司机发现异常，将叉车停下察看情况。据叉车司机回忆和视频分析，由于货物堆得太高，挡住了叉车司机的视线，故未发现前方的员工，现场也没有相关人员指挥和设置安全提示系统。

事故直接原因分析：叉车司机安全意识淡薄，违章作业，在前方视线被货物遮挡的情况下依然正向驾车行驶，严重违反了特种设备安全管理相关规章制度，导致未发现前方行走的员工，致使其死亡。

事故间接原因分析：①涉事公司未落实安全生产主体责任，委派无证人员现场驾驶叉车，未按安全操作规程作业，违章驾驶；②涉事公司安全管理工作混乱，安全管理制度不健全，没有对员工进行经常性的安全教育培训；③涉事公司现场安全管理不到位，公司主要负责人及安全管理人员未严格依法履职，未对现场安全生产工作统一协调、管理，未定期进行安全检查并督促隐患整改；④涉事公司作业现场叉车经过之地也是人员经常走动的地方，人、车共用道路，现场没有指挥人员和设置相应的安全警示标志。

案例 12

事故概况：2018 年 4 月 6 日，浙江省宁波市某公司叉车司机在厂内装载完货物后，驾驶叉车行进过程中撞伤该厂一名员工，伤者经医院抢救无效死亡。

事故直接原因分析：叉车司机违反叉车安全操作规范，在视线被货物遮挡的情况下违规操作，未采取倒开的方式来确保作业视野，最终撞倒受害人，导致事故发生。

事故间接原因分析：①涉事公司安全主体责任落实不到位，对本公司员工的安全教育培训落实不到位，以致员工未能按照安全操作规程进行作业；②涉事公司主要负责人和相关责任人对本公司安全管理责任落实不到位，未有效督促本公司特种设备安全管理制度的落实，未严格实施特种设备作业人员的安全教育培训相关规定，未对作业现场安全检查、隐患整改情况认真落实。

5.2.3　超速行驶

事故概况：2006 年 6 月 3 日，宁夏回族自治区吴忠市某公司叉车司机驾驶叉车超速行驶，因注意力不集中，没能及时发现走过来的一名工人，该工人被叉车装载的铝水抬包撞倒，面向下趴在地上，叉车右前外侧车轮由脚至头从该员工的身上轧过，致其严重受伤，在送往医院急救过程中死亡。

事故直接原因分析：①叉车司机驾驶叉车进入生产车间，车辆靠左侧车道（属违章行车线路）行驶，车速过快且注意力不集中，属严重违章行为；②涉事员工在车间内横穿车道时，安全意识不强、警惕性不高，没有随时注意身边的不安全因素。

事故间接原因分析：①涉事公司运输部汽车运输队对特种设备操作人员管理不严、教育培训不够，叉车司机在作业过程中存在严重违章作业现象；②涉事公司铸造中心铸造三车间现场安全管理混乱，对严重违章行为制止不力，对车间内多车辆、多人员交叉混合作业缺乏统一协调管理和指挥；③涉事公司对员工安全教育培训不够，员工安全意识薄弱。

案例 2

事故概况： 2007 年 5 月 28 日，安徽省铜陵市某公司叉车司机用叉车将阳极板搬运到距离电解车间磅房 15～20 米时，发现一名质检工正在叉车左前方行走。此时叉车司机存有侥幸心理，错误判断，既没有减速，又没有按叉车喇叭警告，更没有向右偏转路线，而是按照原有的速度继续行驶。当叉车行至离该质检工 10～20 厘米时，叉车司机突然发现叉车即将撞人，便紧急刹车下车检查，发现该质检工被叉车左前、后轮碾轧。后经 120 急救人员现场确认，该质检工当场死亡。

事故直接原因分析： 无证操作、违章作业是这起事故的直接原因。肇事叉车司机虽经培训却尚未取证，违规上岗作业且安全意识不强，明知左前方有行人，依然超速行驶，不按喇叭、不减速、不偏转叉车运行方向，而是凭侥幸心理，判断错误，导致叉车碾轧行人，并致人死亡。

事故间接原因分析： ①涉事公司对特种设备（叉车）的安全

管理不力，对特种设备作业人员持证上岗情况没有做到心中有数，安排无证人员违规上岗作业，且对作业人员安全教育培训不到位，作业人员安全意识淡薄。②涉事公司和某冶金厂两个单位在同一场所进行交叉作业，没有落实安全防范措施；没有按照厂内道路运输设计规范要求，未对超过 14 米宽的道路划分中心线，没有划分人行道；作业现场安全监管不力，致使人、车混行，存在严重事故隐患。

案例 3

事故概况：2010 年 3 月 30 日，上海市某公司加工配套车间吊装二班班长驾驶叉车在沿厂区道路由南向东右转过程中，撞倒了正在由东向西横穿厂区道路的设备动力科一名电工，叉车右前轮碾轧了该电工左侧大腿盆骨处。叉车司机立即停车呼救，向公司管理人员汇报并拨打 120 急救电话。该电工由 120 救护车送到附近医院，经抢救无效死亡。

事故直接原因分析：叉车司机驾驶叉车转弯时超速行驶，导致发生险情时刹车不及，将穿越厂区道路的涉事电工撞倒并碾轧

致死。

事故间接原因分析：涉事公司对职工安全教育培训不够，对生产现场监督管理不力，未严格督促职工遵守相关安全规章制度和安全操作规程，未严格督促外来车辆按照规章制度停车，致使道路转弯处停放外来车辆遮挡了叉车司机的右侧视线。

案例 4

事故概况：2011 年 8 月 14 日，上海市某公司叉车司机（无叉车作业证）驾驶型号为 H30D-03 的叉车，在公司装卸平台上将一名清扫人员撞倒并碾轧致死。

事故直接原因分析：叉车司机无证上岗，不熟悉叉车安全操作规程，在驾驶叉车过程中疏于观察，在叉车转弯并上坡时车速过快，未能及时看见前方清扫人员。在撞倒该清扫人员后，也未能紧急制动，导致该清扫人员被车轮碾轧致死。

事故间接原因分析：涉事公司管理混乱，物管部经理在明知叉车司机未取得叉车司机证书的情况下，仍安排其从事叉车作业。

案例 5

事故概况：2011 年 11 月 15 日，上海市某森林公园内，园区一名职工驾驶一辆内燃观光车从烧烤处至一号门时，在转弯处第三节车厢（该内燃观光车共三节车厢）侧翻，导致车上 10 名乘客不同程度受伤。

事故直接原因分析：内燃观光车司机在驾驶车辆连续转弯过程中，操作不当，车速过快，导致车辆侧翻，车上多名乘客受伤。

事故间接原因分析：涉事森林公园在日常管理中，虽然制定了各项安全制度，并对员工进行日常安全教育，但缺少对员工的日常安全检查。

案例 6

事故概况：2016 年 9 月 6 日，安徽省合肥市某公司一名链板操作工驾驶叉车从厂区原料场至生产车间，在途经斜坡时，由于车速过快、不能及时刹车制动，叉车撞向斜坡左侧水泥护栏，将护栏撞烂。同时，叉车侧翻到斜坡下，司机腿被叉车压住，头部撞到地面石块上受重伤。在听到事故发生的响声后，公司主要负责人、管理人员和附近作业人员立即赶到现场进行抢救，并拨打了 120 急救电话，但受伤司机经抢救无效死亡。

事故直接原因分析：①叉车司机未经专业培训考核，未取得特种设备人员证，无证驾驶叉车；②叉车在下坡行驶时速度过快，失去控制致侧翻。

事故间接原因分析：①涉事公司制浆车间主任未能有效管理和制止员工无证驾驶叉车等违章作业行为，生产现场的安全管理不到位；②涉事公司安全管理处处长对事故叉车未经登记擅自使用的事故隐患整改落实不到位，对员工多次无证驾驶叉车的违规行为管理不到位；③涉事公司主要负责人明知道事故叉车未经登

记检测，仍然默许使用，且公司安全生产投入不足；④涉事公司特种设备安全管理工作不到位，员工存在无证操作特种设备的行为，隐患排查治理工作落实不到位，安全生产主体责任缺失。

案例 7

事故概况：2016 年 10 月 30 日，广东省东莞市某公司的一名观光车司机驾驶一辆观光车在某景区送乘客下山。当观光车行驶到第一个右急转弯处时，车辆向右转弯，司机突然被甩离驾驶座位，身体失去平衡，一只脚处于车外。此时司机双手仍在方向盘上，并将方向盘顺时针转动，导致观光车往偏右方向行驶。虽然观光车司机依靠双手的作用，回到驾驶位置，但是车辆由于惯性加速向前，越过道路右侧排水沟，撞到道路右侧的挡土墙。此时司机被完全甩出车外，车辆在无人控制的情况下，由于撞击后的反弹惯性，又向道路左侧行驶，撞到道路左侧的护栏上，并在护栏边滑行了一段距离后才停下。在观光车从第一撞击处行驶到第二撞击处的过程中，有部分乘客从观光车的两侧跳车，观光车停下来后，车上的其余乘客自行下车。该事故导致 3 名乘客受伤。

事故直接原因分析：观光车司机在驾驶观光车急速转弯时，在离心力作用下被甩离座位。当观光车撞上挡土墙时，司机被甩出车外，致使观光车失去控制，乘客跳车自救，导致受伤事故发生。

事故间接原因分析：①涉事公司特种设备安全管理不到位；②事故观光车座椅违规加装了坐垫和腰垫，且事发时驾驶位扶手未放下。

案例8

事故概况：2017年3月13日，江苏省扬州市某公司叉车司机与白班同事交接班后，驾驶叉车从老厂区开到八跨厂房，发料员将当天发料单交给叉车司机。当天发料单任务较多，叉车司机急于按发料单要求作业，快速驾车行驶到五跨厂房时（现场监控显示叉车通过六跨厂房约用时8秒，每跨厂房宽36米，可见此时叉车平均速度约16千米/小时），发现道路右侧正前方在四跨和五跨厂房之间停着一辆平板车，挡住了前行路线。叉车司机向左慢打方向想绕过平板车，叉车行驶到五跨东门南侧立柱边时，一名员工正由东往西横穿道路。当叉车司机发现该员工时，该员工已经到了叉车左前轮前方，叉车司机立即踩刹车并按响喇叭，但为时已晚，叉车撞倒了该员工，并从其身上轧过致伤。该员工被送往医院，经抢救无效死亡。

事故直接原因分析：①叉车司机在厂房内道路驾驶叉车作业过程中，速度达到16千米/小时，这一行为违反了《中华人民共和国特种设备安全法》中关于特种设备作业人员应当严格执行安全技术规范和管理制度，保证特种设备安全的规定；违反了《工业企业厂内铁路、道路运输安全规程》（GB 4387—2008）中规定的“进出厂房、仓库、车间大门、停车场、加油站、上下地中衡危险地段、生产现场、倒车或拖带损坏车辆时，最高行驶速度为5千米/小时”；违反了该公司《厂内道路交通安全管理制度》中关于“进出厂门（车间）限速5千米/小时”的规定。②叉车司机注意力不集中，未及时避让行人。③涉事员工从室外明亮处进

入光线较暗的厂房内，未认真观察道路车辆状况，安全防范意识淡薄。

事故间接原因分析：①涉事公司安全管理不到位，规章制度执行不严，对员工违章超速驾驶叉车的行为处罚力度不够，未杜绝违章作业；②涉事公司对特种设备安全管理不到位，复杂地段安全警示标志不醒目，对外包人员的安全教育工作落实不力；③涉事公司作业现场安全管理薄弱，对新进员工的安全教育不到位。

案例 9

事故概况：2018 年 6 月 20 日，广东省梅州市某公司生产作业区内发生一起叉车伤人事故，造成一名公司员工受伤，后经抢救无效死亡。

事故直接原因分析：叉车司机现场作业时，疏于观察周围环境，行车速度过快。

事故间接原因分析：①涉事公司安全主体责任落实不到位。该公司是涉事叉车的所有人，没有将叉车作为特种设备进行安全管理，未建立特种设备相关安全管理岗位责任制和管理制度，未建立特种设备安全技术档案，未制定特种设备事故应急救援预案，没有组织相关叉车作业人员依法取得特种设备作业人员证及进行叉车司机安全教育培训。②作业人员安全意识淡薄。涉事叉车司机安全意识淡薄，无证驾驶未经检验和办理使用登记手续的叉车进行作业。③相关部门安全监管、宣传责任落实不够到位。涉事公司所在地相关行政部门随机开展特种设备安全生产日常巡查，无日常工作计划和方案，向辖区内安全监管对象和社会公众宣传有关特种设备安全法律法规工作不力，对企业办理营业执照注册时安全承诺书检查不够全面，没有特种设备安全承诺。

5.2.4　超载作业

案例 1

事故概况：2010 年 3 月 7 日，江苏省无锡市某公司叉车司机驾驶一辆额定起重量为 5 吨的叉车，正在铲运 2 块钢板（每块规格为 10.6 米×2 米×0.016 米，重约 5.56 吨）。涉事叉车为该公司购置的二手老旧设备，护顶架缺失，无相应手续。经过一段不平路面时，因叉车的门架受力过重，导致支架断裂向后倾翻倒塌，打击到正在驾驶的叉车司机致其受伤，后经抢救无效死亡。

事故直接原因分析：①叉车超负荷装载，受力过重，且因路面不平产生颠簸，承载负荷加大；②叉车司机无证驾驶叉车，缺乏经验，违章操作；③叉车过于陈旧，缺少专业维护保养，未年检，未办理特种设备使用相关手续；④叉车无护顶架，门架倾倒后，将叉车司机压伤致死。

事故间接原因分析：①涉事公司未制定完善的安全生产责任制，未制定特种设备安全管理制度和叉车安全操作规程；②涉事公司未认真落实安全生产检查制度、隐患排查治理制度，未及时发现和消除叉车支架倾倒伤人的事故隐患；③叉车司机无证违章上岗作业。

案例 2

事故概况：2012 年 5 月 7 日，上海市某公司叉车司机在铲运物料时违章操作，导致送货至该公司的卡车随车人员被叉车重压致死。

事故直接原因分析：叉车司机操作叉车进行卸货作业时，所载钢板重量（4.8 吨）超过叉车额定起重量（3 吨），叉车司机违规指挥其他人员站在叉车尾部上方充当配重。当时叉车尾部上方站了 5 个人（包括事故中死亡的卡车随车人员），操作叉齿下降时，叉车突然向前倾斜，叉车尾部翘了起来，钢板向前滑落，翘起的叉车尾部掉下来，压在从叉车上掉落的卡车随车人员的胸、颈部，致其当场死亡。

事故间接原因分析：①涉事公司作为安全生产的主体责任者，新增的叉车投入使用前未经检验；②涉事公司对员工的安全教育培训严重不到位。

案例 3

事故概况：2013 年 12 月 27 日，广东省佛山市某公司购置的一台生产设备需要租用叉车从运输车卸到生产车间。在货物从运输车上卸到地面过程中，由于货物体积大以及重量大于叉车额定起重量，在即将卸到地面瞬间，叉车车头往前跳动、尾部弹起，放置在叉车尾部的模具向驾驶室方向滑落并压住叉车司机的身体，致其当场死亡。

事故直接原因分析： 叉车司机在卸货作业过程中违规操作，在未清楚所卸货物重量的情况下，擅自在叉车尾部加上一块模具作为平衡重物，且没有任何防滑落的固定保护安全措施，导致作业中叉车严重超载致尾部弹起，放置叉车尾部作为平衡重物的模具向司机滑落并压住司机身体，直接导致人员死亡。

事故间接原因分析： ①叉车所有者无证经营叉车租赁业务，使用未经检验合格已报废的叉车；叉车司机在没有特种设备作业人员证，不具备叉车安全操作技能的情况下上岗作业，间接导致了事故的发生。②涉事公司在卸货现场没有安排人员进行安全管理及指挥，放任叉车司机违规作业；叉车进场作业前未查验出租方作业人员是否持证上岗，所租叉车是否检验合格并办理登记注册；没有与出租方签订叉车租赁合同及相关安全管理协议，明确双方安全管理责任；没有对作业过程进行安全监管。

案例 4

事故概况： 2014 年 7 月 23 日，上海市某公司内发生一起叉车侧翻事故，造成叉车司机当场死亡。

事故直接原因分析： ①叉车司机进行集装箱叉运作业时，叉车在运行过程中始终处于横向和纵向失稳状态。当叉车转弯时，由于叉车横向失稳，向左侧倾翻，导致事故发生。②叉车在倒车运行至事故发生区域时，其左侧有两个并列堆放的集装箱（高度分别为 2.9 米和 2.6 米），与其右侧堆放的货物之间的最短距离为 5.4 米，而叉车所运集装箱的长度为 6.05 米，叉车司机至少将货叉起升至高于 2.9 米（最大起升高度为 3 米）的情况下，才能

保证叉车通过该区域。叉车所运集装箱净重约 2.2 吨，宽度为 2.43 米，当货叉完全插入集装箱叉槽中时，载荷中心距为 1.215 米。当叉车载荷中心距为 1 米、起升高度为 3 米时，允许最大起重量约 2 吨。综上所述，根据该公司《叉车司机安全操作规程》中关于“严禁小于 5 吨叉车运输集装箱”和《叉车驾驶员安全技术操作规程》中关于“车辆不准超载使用。叉车在运输物件时，货叉升起高度不得超过全车高度的 2/3，运行时铲件离地高度不得大于 0.5 米”的规定，该司机违反上述规定，在叉运作业中存在超高和超载作业现象。

事故间接原因分析：①涉事公司内部管理混乱，安排叉车司机兼任作业现场安全员，致使现场安全管理失控；②涉事公司对员工安全教育培训工作不到位，导致员工安全意识淡薄；③涉事公司现场安全监管不到位，未及时发现存在的事故隐患。

案例 5

事故概况：2017 年 6 月 8 日，辽宁省沈阳市某企业厂区内，叉车司机正在叉运两捆复合木板材料。由于叉装的货物堆放过高，车辆在即将到达堆放地点准备堆放时，叉装的货物前倾倒落，将正在准备协助堆放作业的一名工人压在货物下，致其当场死亡。

事故直接原因分析：根据事故调查技术组提供的事故技术分析报告，叉车司机违反安全操作规程超载作业，辅助工人未经允许盲目进入危险场所作业为事故发生的直接原因。

事故间接原因分析：涉事企业厂区主要负责人、安全管理人员缺乏安全管理意识，未落实特种设备安全主体责任是本起事故发生的间接原因。

案例 6

事故概况： 2017 年 8 月 12 日，黑龙江省哈尔滨市某物流公司内，一名公司雇用人员和叉车司机在共同卸货过程中，叉车倾覆，叉运的彩钢板滑落造成物流公司雇用人员大腿内侧开放性创伤，双腿粉碎性骨折，经医院 14 天抢救，终因并发症死亡。

事故直接原因分析： 叉车司机违章作业，使用额定起重量为 3 吨的叉车叉起 3.6 吨的货物，致使叉车倾覆是导致这起事故的直接原因。

事故间接原因分析： ①涉事公司的主要负责人法治观念淡薄，公司安全管理缺失，未制定安全管理制度和叉车安全操作规程，无照经营，使用未办理使用登记证、未经检验的叉车，聘用无特种设备作业资质人员操作叉车；②涉事公司作为场所出租单位，将场所出租给不具备安全生产条件和相应资质的单位和个人，对其出租场所内从事经营活动的单位和个人未有效落实安全管理和检查，未有效开展安全教育培训；③涉事公司雇用人员安全意识淡薄，自我保护能力差，站在危险狭窄区域内导致遇险情无法及时躲避。

案例 7

事故概况：2018 年 12 月 15 日，江苏省无锡市某公司内，叉车司机驾驶叉车在起升超过叉车额定起重量的货物时，右侧货叉从货叉架中间位置突然脱槽弹出，砸中货叉架下方的正在为货物垫木板的一名员工头部，后该员工送医院经抢救无效死亡。

事故直接原因分析：叉车司机驾驶叉车起升超过叉车额定起重量的货物，致使右侧货叉从货叉架中间位置脱槽弹出，砸中货叉架下方的辅助员工，是本起事故发生的直接原因。

事故间接原因分析：①涉事公司未按照国家有关法律法规、技术规范的规定，制定特种设备安全管理制度和安全操作规程；违反国家有关法律法规、技术规范的规定，使用未经定期检验的特种设备；未对特种设备作业人员进行安全教育培训；对生产现场的安全监督管理不到位。②涉事公司主要负责人未组织制定本单位安全生产规章制度和安全操作规程；未组织制定并实施本单位安全生产教育培训计划；未能履行督促、检查本单位安全生产工作，及时消除生产安全事故隐患的职责。③涉事公司安全管理人员未按照国家有关法律法规、技术规范的规定，制定特种设备安全管理制度和安全操作规程；未履行组织本单位安全生产教育培训并如实记录的职责。④死亡员工并非该公司的员工，却要求某货运员工使用叉车起升超重货物，同时进入叉车起升作业下方的危险区域，自身安全意识淡薄。

案例8

事故概况： 2021年5月13日，浙江省绍兴市某公司叉车司机操作叉车运输布匹，在叉车行驶过程中因路面破损发生剧烈颠簸，车辆失去平衡后向前进方向倾覆，车尾翘起，布匹从叉车上滑落，之后叉车重新恢复平衡。叉车在恢复平衡的过程中，左后轮压在之前从叉车上跳下的一名员工身上，导致其当场死亡。

事故直接原因分析： 叉车司机在明知叉车承载大量布匹有失稳迹象的情况下，仍未停止作业，并擅自要求多名员工扒在行驶的叉车尾部作为配重。叉车在经过凹陷路面时，发生晃动颠簸，导致车身失稳，恢复平衡过程中，车轮压在从叉车上跳下的一名员工身上致其死亡。

事故间接原因分析： 涉事公司对员工的安全教育培训落实不到位，导致员工安全意识淡薄，对规章制度执行不力。

5.2.5 货物未可靠固定

案例1

事故概况： 2009年6月13日，上海市某公司叉车司机驾驶叉车为集装箱卸料。叉车司机将料筐升起到1.5米高左右时，原本已退到安全区域的选料工又回到叉车前方，想将她已挑选好的一筐位于叉车前方的废铜料挪开。突然，料筐从叉车上滑下，压在地面的料筐上，随后压到该选料工的头部。

事故发生后，现场人员立即组织救援，伤者被送到医院后经抢救无效死亡。

事故直接原因分析：废铜料筐从叉车的货叉上滑落，压到选料工头部，造成其脑部外伤而死亡。

事故间接原因分析：①选料工安全意识淡薄，缺乏自我保护意识，未按班组长指示于安全区域等候叉车靠近料台才加料，擅自出现在叉车前方；②叉车司机违反安全操作规程，在行驶过程中未将叉车货架后倾到最大幅度，导致叉车在点刹制动后，料筐由于惯性在货叉上向前滑移并最终滑出货叉翻落；③涉事公司安全管理制度未落实到位，对从业人员的安全教育培训不到位，导致员工安全意识淡薄，在日常检查中未能发现叉车司机存在违章操作行为并及时纠正；④涉事公司主要负责人对本单位的安全生产工作缺乏检查和管理，未及时发现并消除事故隐患。

案例2

事故概况：2014年8月25日，吉林省通化市某个体运输业主给白山市某公司业主送货（锅炉），公司业主找到一名叉车司机驾驶叉车帮助卸车，运输业主和公司业主在货车车厢上指挥。卸货过程中，叉车司机发现锅炉在货叉上晃动，于是停住叉车落下货叉。此时，公司业主试图扶住晃动的锅炉，但锅炉倾倒将其砸伤，后经抢救无效死亡。

事故直接原因分析：经事故调查组技术分析，由于叉车司机没有经过专业培训，无叉车作业人员资格证，缺乏安全作业知识，在进行叉车作业时，对体积较高、重心不明的锅炉没有格外小心和采取有效措施，没有找正重心。叉车在运输过程中，由于重心不稳，通过原安装设备的沟槽时，因颠簸等因素的影响，导致锅炉失稳倾倒。

事故间接原因分析：①涉事公司业主违章指挥，指派无证人员上岗操作叉车；在发现锅炉晃动时，没有安全意识，违章作业，用手去扶倾倒的锅炉。②涉事公司安全管理混乱，作为叉车实际使用单位，没有履行登记、检验等相关手续，对相关作业人员、管理人员没有进行安全教育培训，作业人员无证操作叉车。

案例 3

事故概况：2014 年 11 月 29 日，天津市某公司内两辆叉车正在配合作业，一名外雇货车装卸工指挥叉车将货物举升到货车车厢上部并调整位置，叉车司机在拉好手刹并准备熄火停车时，托盘连同货物一起滑落，装卸工在躲避过程中从货车上坠落受伤，后经抢救无效死亡。

事故直接原因分析：叉车货叉未完全插入托盘，叉车大臂完全前倾改变了载荷重心位置，加之托盘货物在未完全平放到已码放好的货物上而是处于悬空状态时，叉车司机就停止了作业，致使托盘连同货物一起滑落，引发装卸工从货车车厢上坠落。

事故间接原因分析：①装卸工指挥作业时，站位不当，当托盘连同货物滑落时，躲避位置不当。此外，装卸工安全意识淡薄，工作中未佩戴安全帽。②涉事公司日常安全管理存在漏洞，安全管理制度、安全操作规程落实不到位，对外雇人员入厂安全

教育、管理不到位。

事故概况：2018 年 11 月 8 日，黑龙江省哈尔滨市某园区叉车司机（无证人员）驾驶叉车从货车上卸货（约 2.6 吨生态木），在向后倒车过程中，货物倾倒，将正在关闭货车车厢板的货车司机挤压致伤，经 120 急救人员确认为当场死亡。

事故直接原因分析：叉车司机驾驶叉车卸货（生态木）时，由于安全意识淡薄，无证上岗作业，违规操作，在没有将货物完全靠在货叉门架上时即向后倒车，致使货物重心前移，加上超载，导致叉车在操作过程中整体前倾，造成货物向前倾倒，将正在关闭货车车厢板的货车司机挤压致死。

事故间接原因分析：①货车司机自我保护和安全意识较差，在没有将自驾货车驶离安全区域的情况下，进入叉车作业区域去关闭货车车厢板，被叉车上倾倒的货物挤压致死。②涉事园区未建立特种设备安全管理制度和叉车安全操作规程，作业人员未经教育培训，未取得叉车作业人员证，安全管理和教育培训工作不到位；所使用的叉车未经检验和办理使用登记证。③涉事园区作业现场安全管理制度制定得不完善且落实不力。

案例 5

事故概况：2018 年 11 月 17 日，黑龙江省牡丹江市某公司叉车司机驾驶平衡重式叉车卸货作业，卸载货运汽车左侧后部木板包（长3.8米、宽0.6米、高0.7米，重约1吨）和木方包（长4.1米、宽0.84米、高0.96米，重约2吨）。在叉车卸货后退距汽车2米左右处时，木方包散包带动木板包从叉车前方坠落，击中、压盖汽车左尾部面向叉车方向的汽车司机。叉车司机在听见呼救声后，发现汽车司机躺倒在汽车后轮下方，散落的木方和木板压在其身上。伤者被送往医院，经抢救无效死亡。

事故直接原因分析：①汽车司机安全意识淡薄，冒险进入叉车作业范围，违规站在叉车货叉周围，被货叉上突然倒塌的货物坠落击中、压盖，受伤致死亡。②汽车装载的木方包堆垛过高，在通过G11涵洞时受到碰撞，位移超后车厢约1米；木方包堆叠形态改变，包装紧固度变松，包装条撕裂；在举升挪移过程中，木方包因重心失衡挣脱包装滚落，改变了事故叉车载荷重心和纵向稳定性，引发叉车纵向倾覆，货物从货叉前方坠落。

事故间接原因分析：①涉事公司主体责任不落实，安全管理工作不到位，安全生产教育培训制度不健全，放任从业人员违章、冒险作业；作业现场监管不力，对违规作业人员、违规作业行为未及时纠正。②叉车司机无证操作特种设备（叉车），违规作业搬运固定不牢、存在松散可能的货物；对尺寸较大的货物未小心搬运，影响该叉车纵向稳定性，存在发生纵向倾覆的事故隐患。

案例 6

事故概况： 2018 年 11 月 20 日，江苏省无锡市某公司叉车司机运送货筐时，未将货筐有效固定，在操作叉车后退转弯时，货物倾倒压在旁边的一名工人身上，致其当场死亡。

事故直接原因分析： 叉车倒车行驶时，货筐倾倒是造成本起事故的直接原因。

事故间接原因分析： ①叉车司机无证上岗且习惯性违章作业，运送货筐时未将其有效固定；②涉事公司车间主任明知叉车司机无特种设备作业人员证仍安排其操作叉车；③涉事公司对制定的叉车安全管理制度的执行情况检查不力，对生产现场的安全管理不到位，致使无证人员驾驶叉车；④涉事公司特种设备安全管理人员未能履行岗位职责，对公司特种设备使用状况检查不力，未能发现存在无证操作叉车的严重事故隐患；⑤涉事公司副总经理作为分管本单位特种设备安全的责任人，未能发现存在无证人员操作叉车情况；⑥涉事公司总经理未能履行督促、检查本单位安全生产工作，及时消除生产安全事故隐患的职责。

案例 7

事故概况： 2019 年 10 月 23 日，天津市某公司工程物料仓库门口，叉车司机在用叉车叉装一辆托盘垛车，让一旁的供应商员工帮其看货叉是否叉装到位。司机操作叉车将托盘堆垛车装好，驾驶叉车沿仓库的坡道上行，供应商员工站在司机左侧，随行驶的叉车沿坡道上行。即将进入仓库门时，托盘堆垛车重心不稳倾倒，将叉车左侧的供应商员工砸伤。

事故直接原因分析：涉事公司叉车司机无特种设备作业人员证，在作业时违反《中华人民共和国特种设备安全法》和该公司的《叉车安全操作规程》，在利用叉车运送堆垛车过程中，未按照叉车驾驶员安全操作规程操作，未固定好堆垛车，导致进入仓库斜坡时堆垛车发生扭转、倾倒，将旁边随行人员压倒。

事故间接原因分析：①涉事公司安全生产主体责任和安全生产规章制度落实不到位，对于特种设备作业人员管理存在缺陷，致使叉车作业人员长期无证上岗；对从业人员和外来人员安全生产教育培训不到位，对供应商的安全教育培训制度落实不到位，事故隐患排查治理不力，对于非常规作业没有进行及时、具体的安全操作指导；②供应商员工自身安全意识淡薄，违规从事冒险作业。

5.2.6 货叉未落到低位

案例 1

事故概况：2008 年 8 月 21 日，上海市某公司叉车司机在驾驶一辆额定起重量为 1 吨的蓄电池叉车搬运金属废料时，因货叉提升过高导致叉车重心不稳，在行驶过程中转弯过快而侧翻，司机被车顶棚压迫，当场死亡。

事故直接原因分析：叉车司机无证上岗，擅自驾驶叉车时操作不当，将货叉上的货物提升过高，行驶时速度过快，转弯时又猛打方向盘，导致叉车发生侧翻。

事故间接原因分析：涉事公司安全管理松懈，安全管理人员对现场的安全检查不到位，缺少对员工的专项安全教育培训，导致事故发生。

案例 2

事故概况：2012 年 3 月 27 日，广东省东莞市某公司叉车司机驾驶一辆叉车作业，在叉住压缩纸块升高后急速转弯时，叉车发生右侧翻并将其压住。事发后司机被送往医院，经抢救无效死亡。

事故直接原因分析：叉车司机违反安全操作规范进行作业，在夹取货物后未将叉车工作属具下降至规定高度时直接转弯，因转弯速度过快，使叉车的惯性力矩过大致叉车右侧翻。

事故间接原因分析：①涉事公司特种设备安全管理工作存在漏洞，擅自将超期未检叉车投入使用，且没有对叉车司机的违规操作行为进行有效的监督管理；②涉事公司对叉车司机的安全教育培训不足，叉车司机安全意识淡薄。

案例3

事故概况：2015年1月22日，上海市某公司叉车司机在驾驶叉车运货过程中，叉车发生侧翻，事故致该叉车司机受伤，后经送医院抢救无效死亡。

事故直接原因分析：叉车司机缺乏安全意识，在进行货物搬运作业时操作失误，致使车辆跑偏，叉车失去重心后向左侧翻。

事故间接原因分析：①涉事公司作为安全生产主体责任者，未落实法律法规的相关规定，叉车在投入使用前未经检验，未办理注册登记；②涉事公司未有效落实叉车安全操作规程、岗位责任制等安全管理制度，未有效开展安全教育培训工作。

案例4

事故概况：2015年4月14日，上海市某公司仓库管理员打电话给一名叉车司机，租赁其驾驶的叉车叉运镀锌管。叉车司机接到电话后驾驶叉车到达该公司厂区，开始进行镀锌管（每捆重约1.8吨）的叉运作业。当日15：20左右，叉车司机在叉运第四捆镀锌管过程中，将捆扎镀锌管的绳索套在叉车右侧叉齿上，只用单侧叉齿吊挂着镀锌管进行叉运作业，

当时叉齿离地高度约为3.5米。叉车向东南侧倒车转弯，在运动过程中不断摇晃，最后失稳向东侧倾翻，司机往车外跳时被叉车护顶架压住头部，当场死亡。

事故直接原因分析： 叉车司机无证违规作业，对所驾驶车辆性能不熟，未按叉车安全操作规程要求进行作业，使用叉车单侧叉齿吊挂镀锌管叉运作业。在叉车倒车过程中，叉齿承重高举运行，致使叉车失稳倾翻，司机在跳出车外的过程中被叉车护顶架压住头部，是导致本起事故发生的直接原因。

事故间接原因分析： 涉事公司在租赁叉车进行叉运作业过程中，未查验受租赁单位的相应资质证明，放任无证人员驾驶无证叉车作业，同时也未与叉车司机签订相应的安全管理协议，是导致本起事故发生的间接原因。

案例5

事故概况： 2017年2月17日，浙江省杭州市某仓储公司仓库内，叉车司机在进行货物装卸作业时，叉车发生侧翻，夹板压住司机头部导致其头骨碎裂，当场死亡。

事故直接原因分析： ①叉车司机在无证驾驶叉车将物料码放到指定位置的过程中，采用边倒车行驶边起升物料并向右转弯180度的不安全作业方式，使叉车在所载物料底端离地面高度达2.2米的情况下大角度急转弯，造成叉车失去横向稳定性而向右侧翻；②叉车司机未按叉车安全操作规程要求佩戴安全帽、系安全带。

事故间接原因分析：①涉事公司安全管理制度不健全，未建立健全岗位责任、隐患排查治理、应急救援等安全管理制度和安全操作规程，未明确和落实各级安全管理责任制；未遵守《中华人民共和国特种设备安全法》相关规定以保证特种设备安全运行。②涉事公司安全管理混乱，使用未经检验和注册登记的特种设备；聘用未取得相应资质的人员从事相关工作；未按规定配备特种设备安全管理人员；现场管理人员脱岗，安全监督检查缺位，未开展安全教育和技能培训。

案例 6

事故概况：2019 年 8 月 28 日，吉林省吉林市某公司物料车间组织生产时，叉车司机（无证）驾驶一辆内燃平衡重式叉车，在搬运煅烧石油焦过程中，发生左侧翻车，车辆将该公司一名员工砸伤，在送往医院途中死亡。

事故直接原因分析：该叉车左侧单叉偏载载重，货叉未降到规定高度，处于高位带载行驶，加上行驶地面不平，造成车辆向左侧翻。

事故间接原因分析：①涉事公司特种设备安全管理存在隐患，叉车司机无证上岗；叉车作为特种设备未申报检验，未办理使用证。②涉事公司安全管理混乱，员工安全意识薄弱，叉车使用随意，缺少应有的岗位责任、隐患治理制度及安全操作规程。

案例 7

事故概况：2019 年 12 月 29 日，江苏省南通市某公司的包装工应东台市某建筑材料商行购货需求，用客户提供的包装袋包装了 360 袋（每袋重 12.5 千克）计 4.5 吨石粉。该公司一名货车司机驾驶叉车用左侧叉齿挑起第 5 个集装袋并将叉车门架升至 3 米高度（叉车行驶时，叉齿一般离地面 20~30 厘米）往货车上吊运时，由于急转弯、偏载导致叉车侧翻。叉车侧翻时，司机因未系安全带被甩出车座椅，被叉车护顶架砸中头部并压在车下，当场死亡。

事故直接原因分析：货车司机擅自无证驾驶叉车，违章作业造成叉车侧翻，这是导致这起事故发生的直接原因。

事故间接原因分析：①货车司机在操作叉车过程中未系安全带；②涉事公司安全管理不到位，对员工安全教育培训流于形式，未按规定对叉车钥匙进行有效管理，无证人员能够私自操作特种设备。

5.2.7 车辆违规载人

案例 1

事故概况：2010 年 3 月 8 日，江苏省无锡市某配载站租用叉车从货车上卸载玻璃箱。在作业过程中，为防止玻璃箱倾倒，配载站的一名搬运工站在叉车的货叉上帮助扶住玻璃箱。其间，玻璃箱向叉车方向发生倾倒，将该搬运工压在叉车挡货架上，造成胸部受伤，送医院后经抢救无效死亡。

事故直接原因分析：①叉车司机违反安全操作规程。《特种设备安全监察条例》第三十九条规定，“特种设备作业人员在作业中应当严格执行特种设备的操作规程和有关的安全规章制度”。该配载站制定的《叉车安全操作规程》规定，“叉载物品时，应按需调整两货叉间距，使两叉负荷均衡，不得偏斜，物品的一面应贴靠挡货架”，“严禁货叉上载人”。经查，事故发生时叉车在叉运货物（玻璃箱）过程中，货物未贴靠挡货架；叉车司机在作业过程中，允许搬运工站在叉车的货叉上扶货物，严重违反安全操作规程。②搬运工违规盲目进入不安全区域。叉车作业时，叉车附近及叉车上为危险区域，正常情况下其他有关作业人员不得进入该区域。该配载站制定的《装卸、搬运工安全操作规程》中规定，“装车时，随车人员要注意站立位置。车辆行驶时，不准站在物件和挡货架之间。车未停妥，不准上下”。搬运工违规盲目进入不安全区域冒险作业，站在货叉上手扶货物，由于货物重心不稳倾倒导致被挤压。③作业时未采取安全防护措施。该配载站制定的《叉车安全操作规程》规定，“叉车在叉取易碎品、贵重品或装载不稳的货物时，应采用安全绳加固。必要时，应有专人引导，方可行驶”。经查，该作业叉装的玻璃箱，属于易碎品，玻璃箱在货叉上为直立放置，重心极其不稳。叉车司机在叉货时没有采取任何防护措施，仅依靠搬运工站在货叉上手扶货物，是严重违规行为。

事故间接原因分析：①涉事单位员工安全意识淡薄。涉事单位叉车司机和搬运工在作业过程中，缺乏基本的安全生产常识，安全意识淡薄。②涉事单位安全教育培训不到位。《中华人民共和国安全生产法》第二十八条规定，“生产经营单位应当对从业人员进行安全生产教育和培训，保证从业人员具备必要的安全生

产知识，熟悉有关的安全生产规章制度和安全操作规程，掌握本岗位的安全操作技能，了解事故应急处理措施，知悉自身在安全生产方面的权利和义务。未经安全生产教育和培训合格的从业人员，不得上岗作业”。《特种设备安全监察条例》第三十九条规定，“特种设备使用单位应当对特种设备作业人员进行特种设备安全、节能教育和培训，保证特种设备作业人员具备必要的特种设备安全、节能知识”。经查，涉事单位无安全生产负责人，对员工安全教育和培训工作欠缺。

案例 2

事故概况：2018 年 1 月 26 日，上海市某公司一名员工站在叉车货叉上方无安全防护的平台上堆放水果，此时叉车门架提升至高度约 2 米，在移动过程中，该员工不慎失稳坠落受伤，送医院抢救无效死亡。

事故直接原因分析：①叉车司机驾驶叉车运载人员在高处作业，并在叉车货叉未降至安全高度的情况下，直接驾驶叉车向后倒车，违反了该公司制定的叉车管理制度相关规定，例如：“叉车在运行时，不准任何人员上下车；货叉上严禁站人，特殊情况（例如维修、看货等）须事先征得配送中心主管同意”；“叉车不能用来载人或进行其他与叉车作业无关的工作”；“叉车空载时，货叉距离地面 10~20 厘米，载货行驶时货叉离地高度 15~20 厘米，起落门架须适当后倾”。上述违规行为导致堆放水果的员工失稳从托盘上坠落至地面。②堆放水果的员工在高处作业过程中，未采取任何安全防护措施。

事故间接原因分析：①叉车司机未取得特种设备作业人员证操作叉车，违反《中华人民共和国特种设备安全法》第十四条关于“特种设备安全管理人员、检测人员和作业人员应当按照国家有关规定取得相应资格，方可从事相关工作”的规定。②涉事公司未依法履行安全主体责任，安排未取得特种设备作业人员证的人员操作叉车；未建立健全特种设备岗位责任、隐患治理、应急救援等安全管理制度和安全操作规程；未配备专（兼）职特种设备安全管理人员；未按规定对员工进行有效的特种设备安全教育培训。③涉事公司主要负责人未依法履行特种设备安全管理职责。④涉事公司配送中心经理未履行工作职责，未督促员工遵守公司制定的叉车管理制度；在明知叉车司机未取得特种设备作业人员证的情况下，仍允许其从事驾驶叉车作业，违反了《中华人民共和国特种设备安全法》的相关规定。⑤涉事公司仓库主管未按规定保管叉车钥匙，违反了公司制定的叉车管理制度的相关规定。⑥涉事公司仓库备货组组长未有效监管作业现场。

案例 3

事故概况：2018 年 2 月 2 日，辽宁省沈阳市某公司叉车司机操作叉车，将站在铁架上没有采取任何安全防护措施的一名厂房顶梁拆除作业人员举升进行高空作业，该作业人员不慎从高空坠落，当场死亡。

事故直接原因分析：厂房顶梁拆除作业人员违反《建筑施工高处作业安全技术规范》（JGJ 80—2016）第三部分第二条的规定：“高处作业施工前，应按类别对安全防护设施进行检查、验

收，验收合格后方可进行作业，并应做验收记录。验收可分层或分阶段进行。”以及第三部分第五条的规定：“高处作业人员应根据作业的实际情况配备相应的高处作业安全防护用品，并应按规定正确佩戴和使用相应的安全防护用品、用具。”该作业人员在高空作业时，未佩戴安全带和安全帽，站在未可靠固定且无任何防护的铁架上违章作业，是导致其从高处坠落，发生死亡事故的直接原因。

事故间接原因分析：①涉事公司作为安全生产责任主体，对公司特种设备监督管理缺失（在公司安全隐患排查整改报告汇总表中，特种设备是否办理了使用登记、是否进行了检验均未列入），对事故叉车未办理特种设备使用登记手续和检验，且未对该设备进行功能性拆除，致使该设备非法投入使用；②涉事公司未按照《中华人民共和国特种设备安全法》要求对员工进行安全教育培训，致使作业人员违章操作；③涉事公司虽然与厂房顶梁拆除作业人员签订了拆除协议，但未能履行安全生产主体责任，对施工现场未进行有效监督管理。

综上所述，涉事公司违反了《中华人民共和国特种设备安全法》相关规定，对特种设备安全管理缺失，安全生产主体责任落实不到位，对职工安全教育培训不到位，没有对拆除施工现场进行安全监督检查。作业人员安全意识淡薄，非法使用叉车，违章起升自制作业平台，在无自身安全防护措施的情况下，利用自制作业平台进行施工，是导致这起事故的间接原因。

事故概况： 2018 年 3 月 13 日，浙江省丽水市某公司组织工作人员从房屋横梁上穿越电缆，该公司叉车司机利用叉车升高货叉（货叉上铺设有一块木板），将站在木板上的员工升至横梁位置进行作业。在前往下一个横梁时，叉车司机在未确认人员安全的情况下，将叉车前移，导致该员工被挤压在房屋横梁和叉车挡货架之间受伤，送医院后经抢救无效死亡。

事故直接原因分析： 叉车司机安全意识淡薄，无特种设备（叉车）作业人员证，违法操作叉车，违规在货叉上铺设木板作为作业平台，在未确认人员安全的前提下操作叉车，导致事故受害人被挤压在房屋横梁和叉车挡货架之间受伤，经抢救无效死亡。

事故间接原因分析： ①涉事公司特种设备安全生产主体责任落实不到位；安全技术档案不健全，设备日常维护保养记录不健全；安全管理制度流于形式，未能有效防止无证人员操作特种设备；未定期开展事故应急演练。②涉事公司主要负责人未能真正履行安全生产第一责任人职责，未按规定督促公司相关部门和安全管理人员落实安全生产规章制度和岗位职责，导致员工安全意识淡薄，特种设备使用管理不规范。③涉事公司安全管理人员履职不到位，未按规定组织公司员工开展特种设备安全教育培训；未有效督促落实特种设备作业人员持证上岗制度，未及时发现并消除人员无证上岗事故隐患。

案例 5

事故概况：2009 年 4 月 11 日，广西壮族自治区柳州市某公司车间员工驾驶一辆叉车，从一号纸机车间将施胶剂空桶（约 50 千克）运到公司老料场废品堆放处。当叉车开到料场下坡处，该职工将叉车倒着开下坡至坡中间时，由于叉车太偏向坡边，失去重心右翻下坡，造成坐在司机右边的一名员工被挤压致死。

事故直接原因分析：员工越岗无证操作叉车且采取紧急措施不当是这起事故发生的直接原因。

事故间接原因分析：①叉车司机违反该公司制定的《叉车管理标准作业程序》等规章制度，无证违规操作特种设备。②涉事公司对职工的安全教育培训不够，违规使用叉车，安全管理和检查工作没落实到位，职工没有叉车作业证却能够无证上岗。涉事叉车是从某公司借调到涉事公司使用的，没有到相关部门办理注册登记便投入使用。涉事公司没有对安全制度的落实情况开展有效的检查，以致职工的违法行为没有被及时发现和制止，事故隐患未能得到及时消除。③事故死亡员工缺乏安全意识和安全知识，思想上麻痹大意，违章搭乘叉车且应急处理不当，导致被甩离驾驶室而被叉车棚架等构件挤压致死。④涉事公司管理部的安全管理科是公司安全生产监管部门，对员工无证上岗的行为失察。⑤涉事公司的总务科是叉车的主管部门，对叉车的监管不到位，叉车在使用过程中，也缺乏有效的监管。

案例 6

事故概况： 2019 年 4 月 29 日，江苏省扬州市某公司一名叉车司机无证私自从数控车间驾驶叉车运送一部电焊机（货叉上放了一块 1.2 米×1.2 米的木板用于放置电焊机）到车间外西南方向的自动焊平台。当叉车行驶到数控车间内接近西门时，考虑到地面颠簸，叉车司机看见一名员工在旁边，就让其帮助扶一下电焊机。该员工爬上叉车的货叉，蹲在木板上方的右侧，扶着电焊机。叉车司机驾驶叉车继续沿数控车间西门向西行驶不多远左转弯时，该员工从放电焊机的木板上仰面摔倒在地上，叉车右前轮从该员工身体碾轧过去。后该员工被送至医院，经抢救无效死亡。

事故直接原因分析： 发生事故的叉车经第三方检验合格，状况良好；环境光线良好，厂区场地无障碍物影响叉车运行。涉事公司制定的《叉车安全操作规程》明确要求在叉车运行过程中，“货叉上严禁站人”“叉车严禁载人”，但公司的安全管理负责人（叉车司机）无证上岗、违章操作，并要求其他员工蹲在货叉上手扶电焊机，致使驾驶叉车向左转弯时该员工跌落地面后被叉车碾轧。综上，叉车司机的无证上岗、违章操作是导致事故发生的直接原因，也是这起事故发生的主要原因。

事故间接原因分析： ①涉事公司主体责任意识不强，安全生产规章制度不健全；②涉事公司对从业人员安全教育培训不到位，未严格执行特种设备作业人员须持证上岗的规定。

5.2.8 违规改变叉车用途

案例

事故概况：2020年4月16日，江苏省苏州市某公司叉车司机驾驶叉车，在货叉上悬挂吊带起吊一件铁框架。在作业过程中，吊带从货叉上滑脱，铁框架落地侧翻砸中一名打磨工致其死亡。

事故直接原因分析：涉事公司叉车司机未取得相应的特种设备作业人员证，无证驾驶叉车，且未按照规定进行叉车（堆垛）作业，违规使用叉车起吊铁框架是事故发生的直接原因，也是事故发生的主要原因。

事故间接原因分析：①涉事公司打磨工等作业人员，未撤离叉车作业过程中的危险区域，在自身处于危险的情况下进行交叉作业；②涉事公司作业场所有关管理人员安全意识淡薄，未履行车间安全管理职责，对公司存在的无证驾驶叉车现象未采取有效制止措施；③涉事公司主要负责人特种设备安全主体责任意识淡薄，未落实特种设备（叉车）作业人员安全教育培训职责要求。

5.2.9 停车不规范

案例1

事故概况：2011年9月9日，上海市某公司的一个仓库内，叉车司机驾驶叉车将仓储成品装上货车准备发货，一名员工在现场辅助。其间，叉车司机离开驾驶座，叉车突然失控前行，叉齿撞在了现场辅助员工的背部。叉车司机见状立即回到叉车驾驶座位将叉车倒回，然而被撞员工瘫倒在地已经重伤昏迷，后经抢救无效死亡。

事故直接原因分析：叉车司机无证违章操作叉车，未将叉车挂空挡或关闭熄火即擅自离开驾驶座，致使挡位仍在前进挡的叉车在无人操控的状态下继续前进，叉车叉齿撞击现场辅助员工背部，致其死亡。

事故间接原因分析：①涉事公司车间主任违规指挥，在明知叉车司机无证的情况下，仍然安排其操作叉车；②涉事公司作为特种设备使用单位，特种设备管理制度执行不严格，人员岗位责任制度不落实。

案例 2

事故概况：2017 年 8 月 15 日，广东省广州市某公司叉车司机驾驶叉车到公司的红茶产品生产线，帮助另一台叉车进行红茶成品的入库作业。成品仓库监控录像显示，该叉车司机搬运两板红茶成品（上下两板共高约 3 米）进入仓库堆放点进行入库装卸作业。作业时，由于叉车升起升门架过高并且倾斜，导致上层板上面的一箱成品跌落到叉车驾驶室顶部。在没有停机熄火的情况下，司机先从叉车上下来，未找到可利用的辅助工具后，便独自从驾驶室前端爬上叉车顶部，试图自行清理掉落的成品。在操作过程中，其身体不慎触压到

驾驶室前部的两根叉车操纵杆，致使叉车升降门架再次上升，并导致叉车门架向驾驶室方向后倾，将司机的头部挤压在叉车门架与叉车护顶架的前护杠之间，司机头部受到严重挤压不省人事，经抢救无效死亡。

事故直接原因分析：①叉车司机未按照《中华人民共和国特种设备安全法》第十四条关于“特种设备安全管理人员、检测人员和作业人员应当按照国家有关规定取得相应资格，方可从事相关工作”的规定，持有效的特种设备作业人员证上岗操作；②叉车司机不熟悉货物异常情况处置流程，在没有拔钥匙停机的情况下，冒险爬上叉车驾驶室位前台清理异常货物，不慎触碰到叉车的两根操纵杆，引发操纵杆控制功能运行而使自己的头部被挤压在叉车门架与叉车护顶架边缘，造成人员死亡事故的发生。

事故间接原因分析：①涉事公司货运服务部的安全生产主体责任不落实，安全管理混乱；②涉事公司管理人员安全法规意识不强，对特种设备安全使用监管不力。

案例 3

事故概况：2020 年 6 月 15 日，广西壮族自治区百色市某公司生产区热压车间，一名员工在未通知专职司机的情况下，擅自开动一辆停放在厂区却未拔钥匙的叉车运送板材，导致叉车前溜，将另外一名员工挤压至热压机上烫伤。

事故直接原因分析：肇事员工安全意识淡薄，擅自越岗无证违规作业，操作不当，导致叉车挤压人员事故发生。

事故间接原因分析：①涉事公司安全巡查不到位，没有及时发现和纠正职工违章操作行为；②涉事公司对员工安全教育培训不足，致使员工安全意识淡薄。

案例 4

事故概况：2015 年 5 月 7 日，上海市某公司厂区内，一名劳务工欲将在南车间焊接好的钢板桩运到北车间进行打磨处理。在叉车司机不在场的情形下，为赶工期，该劳务工擅自驾驶停放在厂区的一辆叉车，利用门架推运沿地面导轨运行的装有钢板桩（5 根，长 17 米，共重约 10 吨）的小车，自南向北行进。当行至堆场中央门式起重机地面导轨处时，该劳务工发现小车的前轮压到了起重机电缆线。为避免电缆线损坏，该劳务工立即从行驶的叉车上跳下，跑到叉车前方，抓住钢板桩试图拉住前进的小车，不慎被后方继续行驶的叉车前轮碾轧，后轮卡住其头部才停下来。现场其他人员见状后立即上前施救，将事故叉车熄火停车。伤者被送往医院，后经抢救无效死亡。

事故直接原因分析：劳务工擅自无证驾驶叉车，违反安全操作规程；在未对车辆进行有效制动的情况下，从行驶中的叉车上跳下，导致被行驶中的叉车碾轧。

事故间接原因分析：涉事公司存在特种设备安全责任不落实的情况，对劳务工的安全教育培训不到位，对叉车使用未进行严格管理，未及时发现、制止生产过程中的违章行为。

案例 5

事故概况：2016 年 9 月 23 日，辽宁省营口市某公司叉车司机驾驶叉车在氧化锆厂粉体车间 1 号雷蒙机前转运料箱，倒车过程中发现叉车前方 1 号雷蒙机下料口软连接没有扎紧，有物料落下。司机从叉车左侧跳下，跑到前方绑扎下料口软连接，背对叉车。司机跳下叉车时，叉车依然在向前行驶，在司机绑扎下料口软连接时，后方的叉车叉运的料箱顶到司机背部，将他的头部卡在下料口处，身体挤在下料口、电机水泥基座及料箱之间，当场挤压致死。

事故直接原因分析：叉车司机未按照公司制定的叉车操作安全规程作业，自我保护意识淡薄，未采取“停车、落叉、拉手刹、熄火”等操作程序，导致车辆伤害事故的发生。

事故间接原因分析：涉事公司安全教育培训工作没有认真彻底落实到位，只注重三级安全教育过程，职工的安全意识淡薄；对存在的事故隐患未及时发现并整改。

5.2.10 应急处置不当

案例 1

事故概况：2011 年 5 月 25 日，辽宁省营口市某公司成品车间一名员工驾驶叉车运送垃圾，由于其驾驶技术不熟练，车辆在行驶过程中失控、倾翻，该员工被压在叉车下，经抢救无效死亡。

事故直接原因分析：涉事员工无特种设备作业人员证擅自驾驶叉车，违反《特种设备安全监察条例》有关规定，是事故发生的直接原因。

事故间接原因分析：涉事公司特种设备安全管理不到位，未严格执行有关规章制度，对员工管理不善是事故发生的间接原因。

案例 2

事故概况：2011 年 8 月 6 日，云南省昆明市某公司叉车司机在驾驶叉车装运货物时，在站台下坡处转弯过急，叉车车身发生倾翻，司机被叉车和货物压倒受伤，经抢救无效死亡。经查，该叉车司机缺乏必要的安全防护和应急避险知识，叉车倾斜时，他跳下叉车欲将车身扶正，反被叉车压倒引发事故。

事故直接原因分析：①涉事公司安全教育培训工作不到位，导致员工缺乏必要的安全防护和应急避险知识；②叉车司机违反安全操作规程；③涉事公司分管现场管理的工作人员，对现场工作缺乏安全指导。

事故间接原因分析：①涉事公司落实安全主体责任不到位，没有按照国家有关规定对在用特种设备进行登记注册、检验并办理相关手续；②涉事公司安全管理工作未落实，缺乏专（兼）职安全管理人员，现场安全监管工作不到位。

案例 3

事故概况：2014 年 7 月 8 日，云南省昆明市某公司一名员工在驾驶叉车运送钢球过程中发生车辆侧翻，该员工在跳车过程中被侧翻叉车压在车下受伤，经抢救无效死亡。

事故直接原因分析：①涉事员工违反《中华人民共和国特种设备安全法》第十四条关于“特种设备安全管理人员、检测人员和作业人员应当按照国家有关规定取得相应资格，方可从事相关工作”的规定，未取得特种设备作业人员证，擅自进行叉车操作。由于没有受过专业培训，操作不当致使叉车侧翻并发生事故。②涉事公司未按照《中华人民共和国特种设备安全法》第七条关于“特种设备生产、经营、使用单位应当遵守本法和其他有关法律、法规，建立、健全特种设备安全和节能责任制度，加强特种设备安全和节能管理，确保特种设备生产、经营、使用安全，符合节能要求”的规定，建立、健全叉车管理制度。涉事公司虽然制定了《叉车使用和运营安全管理制度》，但该制度中并未规定叉车钥匙的安全管理与使用，公司也未明确专人对叉车进行安全管理，在专职叉车司机下班后，叉车钥匙留在车上，任何人员均可随意开动叉车。③涉事公司现场安全管理混乱，未安排安全员对作业现场进行管理，未能对无证擅自操作叉车的行为及时进行制止。

事故间接原因分析：①涉事公司作为事故叉车使用单位，违反《中华人民共和国特种设备安全法》第十三条第二款关于“特种设备生产、经营、使用单位应当按照国家有关规定配备特种设备安全管理人员、检测人员和作业人员，并对其进行必要的安全教育和技能培训”的规定，未配备取得特种设备管理资格的管理人员，未对员工进行安全生产教育和培训；违反《中华人民共和国特种设备安全法》第三十三条关于“特种设备使用单位应当在特种设备投入使用前或者投入使用后三十日内，向负责特种设备安全监督管理的部门办理使用登记，取得使用登记证书”的规定，所使用的叉车未办理使用登记；违反《中华人民共和国特种设备安全法》第三十四条关于“特种设备使用单位应当建立岗位责任、隐患治理、应急救援等安全管理制度，制定操作规程，保证特种设备安全运行”的要求，未建立特种设备安全管理制度、安全操作规程；违反《中华人民共和国特种设备安全法》第十五条关于“特种设备生产、经营、使用单位对其生产、经营、使用的特种设备应当进行自行检测和维护保养”的规定，未定期对叉车进行维护保养并做好记录。②涉事公司安全生产负责人对公司特种设备安全管理工作不够重视，未认真履行安全管理职责，未按照《中华人民共和国特种设备安全法》的规定，建立健全特种设备安全生产制度、安全操作规程、定期维护保养制度等规章制度，未对员工定期进行安全教育与培训，未配备取得特种设备安全管理人员证书的人员对公司特种设备进行安全管理，未办理叉车使用登记手续。③涉事公司车间主任未认真履行安全生产工作职责，没有安排专职安全员对作业现场进行安全管理，未对车间作业人员进行安全教育和培训，未能及时发现并制止员工无证擅自操作叉车的行为。

案例 4

事故概况：2017 年 5 月 30 日，上海市某公司使用一台荷定载重量 10 吨的叉车进行钢管（长度 12 米、重量 2 吨/捆）的装载作业，卡车司机在卡车货箱内进行固定卡槽作业，以防止装载的钢管掉落，叉车司机操作叉车装载钢管。当叉车叉起的钢管越过卡车货箱栏杆立柱准备落入货箱时，正在卡车货箱内固定卡槽的卡车司机，发现装在叉车叉齿上的钢管有滑落迹象，便上前抓住钢管包装袋上的带子，想阻止钢管从叉车叉齿上掉落。这时钢管从叉车叉齿上滑落，将卡车司机砸伤，经抢救无效死亡。

事故直接原因分析：叉车司机无特种设备作业人员证操作叉车；卡车司机违规在卡车货箱内固定卡槽，在作业过程中装载的钢管从叉车叉齿上滑落，砸在卡车司机的后颈部，是本起事故发生的直接原因。

事故间接原因分析：涉事公司履行安全管理责任不到位，作业人员违反安全操作规程；未配备特种设备安全管理人员，对作业现场的监督管理缺失，违反了《中华人民共和国特种设备安全法》的规定，是造成本起事故发生的间接原因。

案例 5

事故概况：2017 年 8 月 1 日，江苏省无锡市某公司叉车司机在操作叉车对汽车上的钢卷进行卸车作业时，车上钢卷滚落碰到叉车，造成叉车倾翻压住司机，该司机被送至医院，经抢救无效死亡。

事故直接原因分析：叉车司机无证擅自操作叉车进行卸车作业，且在开叉车时违反该公司制定的《叉车安全操作管理制度》中关于“叉车翻车时千万不能跳车”的规定。叉车司机无证擅自使用特种设备和违章作业是导致事故发生的直接原因。

事故间接原因分析：①涉事公司对生产现场的安全管理不到位，导致与装卸无关人员擅自指挥装卸作业；对国家有关法律法规、技术规范及公司制定的安全管理制度和安全操作规程未能有效监督执行。②涉事公司主要负责人未能履行督促、检查本单位安全生产工作，及时消除生产安全事故隐患的职责。

案例 6

事故概况：2019 年 6 月 6 日，江苏省江阴市某公司内，叉车司机在操作叉车卸货过程中，叉车侧翻导致司机受伤，送医院经抢救无效死亡。

事故直接原因分析：涉事叉车司机在进行叉车吊装作业时，未系安全带，吊装的钢板失稳导致叉车侧翻，司机跳车时被叉车护顶架压住受伤，经抢救无效死亡。

事故间接原因分析：①涉事公司将回用池制作工程发包给不具备安全生产条件的个人；叉车安全操作规程不健全，安全操作规程中未包含驾驶时系安全带等要求；管理人员对生产现场的安全监督不到位，对国家有关法律法规、技术规范及公司制定的安

全管理制度未能有效监督执行；对特种设备作业人员安全教育培训不到位。②承包回用池制作工程的私营制作人在钢板重心没有调整平衡且钢板东侧底边与卡车车厢底部仍有接触的情况下，盲目指挥卡车向西行驶，造成钢板整体晃动加剧、吊具卡扣脱落、钢板整体往东滑坠导致叉车向东倾翻。③涉事公司主要负责人未能履行督促、检查本单位安全生产工作，及时消除生产安全事故隐患的职责。

5.2.11 醉酒操作

事故概况：2021 年 1 月 8 日，云南省玉溪市某公司叉车司机在驾驶叉车运输货物的过程中，料斗撞倒一名工人，该工人经送医院抢救无效死亡。

事故直接原因分析：①涉事公司主要负责人、安全管理人员安全意识淡薄，未严格落实安全管理职责；②叉车司机无证驾驶叉车，醉酒操作。

事故间接原因分析：①涉事公司未建立健全安全管理制度，安全教育培训工作不到位，作业现场安全管理缺失，出现无证作业、醉酒操作等行为；②当地市场监督管理部门在监管特种设备安全过程中，针对涉事公司安全隐患下达了《特种设备安全监察指令书》，但监督涉事公司落实隐患整改不到位；③涉事公司所在工业园区管理委员会未按照《云南省安全生产条例》第五条关于“乡（镇）人民政府、街道办事处和开发区、工业园区等各类功能区管理机构应当明确安全生产监督管理机构，配备专职安全生产监督管理人员，履行监督检查职责，协助上级人民政府有关部门依法履行安全生产监督管理职责”的规定，未配备专职安全生产监督管理人员，履行监督检查职责不到位。

5.2.12　辅助人员及无关人员违规

案例 1

事故概况：2017 年 8 月 18 日，广东省东莞市某公司叉车司机驾驶叉车运送木材，叠放的木材发生滑动并侧翻，导致在旁边辅助卸货的一名工人被砸伤，经抢救无效死亡。

事故直接原因分析：叉车司机在卸货过程中，木材侧翻砸中并挤压在旁边辅助工人的头部，致其死亡。

事故间接原因分析：①涉事公司使用未经检验的叉车，叉车使用管理制度不完善，没有采取有效措施对叉车司机及相关作业人员的违规操作进行预防和制止；②叉车司机未按涉事公司制定的《叉车安全操作规范》中关于“平稳第一，忌材料倾斜”“辅助人员离开再操作”等要求操作叉车，在未确认叉载货物可靠固定的情况下进行叉载作业；③辅助工人在叉车作业时未离开叉车作业区域。

案例 2

事故概况：2019 年 10 月 1 日，广西壮族自治区南宁市某公司叉车司机操作叉车卸木板，一名辅助工人指挥有关人员将木板堆放到指定区域。叉车在卸货倒车转向时，叉载的木

板跌落，砸到叉车右前方正在指挥的辅助工人身上致其受伤，后经抢救无效死亡。

事故直接原因分析：涉事公司使用没有取得特种设备作业人员证的人员上岗作业。

事故间接原因分析：①叉车司机操作叉车不当；②辅助工人违规进入叉车作业区域。

案例 3

事故概况：2013 年 8 月 19 日，上海市某公司一名辅助工人在车间弄堂里整理货物、给货物加套防尘袋后直接起身出弄堂，被在通道里行驶的叉车撞倒受伤，送医院后经抢救无效死亡。

事故直接原因分析：辅助工人缺乏安全防范意识，从货架中间突然跑出，通道内驾驶叉车行驶的司机来不及刹车，直接将其撞倒，是此次事故的直接原因。

事故间接原因分析：①叉车司机在驾驶叉车通过边上有货架的通道过程中，对潜在的事故隐患估计不准，未能及时发现并避免撞人；②涉事公司对其他员工（非叉车操作人员）缺乏针对叉车危险的安全教育培训工作，致使员工缺乏相应的安全防范意识，对叉车作业现场安全巡查有疏漏。

案例 4

事故概况： 2014 年 12 月 9 日，上海市某物流公司的卸货区内，某劳务公司叉车司机操作叉车利用叉齿将集装箱内的钢板往外拖拽。该劳务公司一名装卸工一直站在叉车与集装箱之间的作业区内，见钢板一直无法拖出，为探明原因，探头至叉车挡货架和集装箱门框之间查看，被正在作业的叉车挤压头部致死。

事故直接原因分析： 叉车司机违反国家有关安全规章制度和所在劳务公司制定的《叉车司机操作规范》中关于“叉车作业时，禁止装卸人员站在货叉周围，以免货物向前滑动或倒塌伤人”等规定，缺乏安全意识，未有效制止事故受害装卸工出现在装卸作业区（货叉周围），致其被正在作业叉车的挡货架和集装箱门框挤压头部致死，是这起事故发生的直接原因。

事故间接原因分析： ①涉事劳务公司在叉车安全管理上存在漏洞，对相关员工的安全教育培训缺失；②涉事物流公司作为工程发包单位，现场无安全指挥人员，公司安全管理缺失；③叉车在作业时存在危险性，涉事员工缺乏相应安全防范意识，违规出现在危险区域。

案例 5

事故概况： 2018 年 6 月 11 日，湖北省宜昌市某景区内，司机驾驶 18 号观光车从起点站（靠近永久船闸）将游客送到终点站（靠近大坝左岸坝头）后，驾驶空车返回途中，在一

个90度的弯道转弯过程中，观光车的右侧挂倒两名女游客。司机停车后，发现两名游客都倒在地上，其中一名游客受伤昏迷不醒。事故发生后，急救车赶到现场，将受伤游客送至当地急救中心施救，因救治及时伤者无生命危险。

事故直接原因分析：涉事观光车在急转弯时突遇游客进入专用观光车行驶道路，避让不及，导致两名游客受伤。

事故间接原因分析：①观光车行驶道路不符合要求，安全警示标志缺失，安全防护措施不到位；②观光车使用单位安全主体责任未落实，安全管理制度不健全，对观光车行驶道路的安全管理不到位。

5.3 与环境因素有关的事故案例分析

5.3.1 危险路段未减速

案例1

事故概况：2015年6月1日，云南省昆明市某公司叉车司机驾驶叉车前往门卫室拿取东西，行驶过程中叉车失控，司机选择跳车，但叉车也随他跳车的方向侧翻并压住司机喉咙部致其当场死亡。

事故直接原因分析：涉事叉车司机具有B2机动车辆驾驶证和机动工业车辆（叉车）操作人员证，但主要从事货车驾驶，偶尔会被安排去操作叉车。他于2015年1月30日进入公司后，一直缺乏安全意识和叉车操作经验。从事故现场的刹车痕迹看，当叉车快到达坡底时，由于车速较快，司机采取了紧急制动措施，导致叉车晃动，司机接着猛打方向，使车身倒向另外一侧。当感觉控制不住叉车时，司机弃车向绿化带跳去，但叉车也随他跳车的方向侧翻并压住其喉部，致其死亡。

事故间接原因分析：①涉事公司安全管理主体责任落实不到位，未按照《中华人民共和国特种设备安全法》《特种设备安全监察条例》等法律法规要求，建立健全场（厂）内专用机动车辆的使用安全管理制度并严格落实。②涉事公司对 2015 年 1 月 30 日进入公司的叉车司机安全教育和操作培训不到位，导致其缺乏安全意识、操作不熟练；安全管理落实不到位，发现司机超速操作叉车时，没有采取有效措施制止。③涉事公司特种设备管理不到位，未落实其 2015 年 1 月 15 日签署的《特种设备使用安全管理责任承诺书》要求，对特种设备的管理、使用随意，未办理注册、登记手续就投入使用。④涉事公司安全管理人员履职不到位，未认真贯彻落实公司安全生产责任制，对叉车使用中存在的违章行为未及时有效纠正。

案例 2

事故概况：2016 年 12 月 15 日，重庆市某公司实习叉车司机驾驶叉车行驶至二线包装与成品 8 号库间转角处，在左转弯过程中，叉车向右发生侧翻，司机本人不慎被压于叉车框架下，经抢救无效死亡。

事故直接原因分析：叉车司机在厂区道路的直角转弯处驾驶叉车速度过快，且操作不当，造成叉车失稳侧翻。

事故间接原因分析：①实习叉车司机安全意识淡薄，在无教师现场指导的情况下，擅自操作叉车，临危处置不当；②叉车实习指导教师离开岗位后，所在车间负责人未及时制止实习人员操作叉车；③涉事公司设备管理部未按照公司内部安全管理制度要求，将事故叉车纳入公司特种设备台账进行管理，且对使用的叉车日常安全检查不到位。

案例 3

事故概况：2013 年 1 月 26 日，浙江省舟山市某公司叉车司机驾驶叉车搬运货物，在行驶过 1 号码头引桥交叉口时，将一名员工撞倒致伤，经抢救无效死亡。

事故直接原因分析：叉车司机无证上岗作业；违章操作，夜间驾驶叉车未打开前大灯；麻痹大意，叉车过十字路口，不细心观看四周环境，不遵照所在公司关于车辆通过十字路口要“一慢二看三通过”的规定，导致叉车碰撞、碾轧路过的一名员工，致其死亡。

事故间接原因分析：①涉事公司未认真开展隐患排查治理，人员责任不明确、治理措施不落实、隐患整改不到位；对从业人员安全教育培训工作敷衍了事、流于形式，员工安全意识较差；叉车操作制度不完善，不落实特种设备作业人员管理制度；违章指挥，安排无证人员驾驶叉车。②涉事员工安全意识淡薄，夜间低头行走在厂区十字路口，不注意观察四周环境情况。

5.3.2 地面缺陷

案例1

事故概况：2010年1月28日，上海市某公司叉车司机驾驶叉车在仓库门口装货，一名员工站在叉车托盘正前方与上台阶的夹缝中往叉车托盘上装货。在此过程中，叉车托盘滑落砸伤该员工，致其左脚骨折。

事故直接原因分析：涉事公司的机动工业车辆的行驶道路不平整，导致叉车后轮下沉，叉车托盘向前滑落，砸伤员工的脚部；对员工的安全教育培训不够。

事故间接原因分析：①叉车司机在装卸货物时，发现装卸人员未与叉车保持必要的安全距离后，没有及时制止；②涉事员工在叉车尚未停稳前就开始装卸货物作业。

案例2

事故概况：2015年1月27日，浙江省嘉兴市某公司叉车司机驾驶叉车，采用清洗槽与叉车货叉用钢丝绳进行连接的方式拖行搬运清洗槽。在叉车行进中转弯时，车辆整体侧翻，司机后脑部与叉车护顶架撞击受伤，后经抢救无效死亡。

事故直接原因分析：叉车司机无证驾驶叉车，作业方式不当，车辆侧翻造成其本人头部受伤致死。

事故间接原因分析：①涉事公司机修车间主任现场违章指

挥，指派无证人员驾驶叉车在未确认运载物品质量的情况下作业；②作业现场地面作业条件不符合有关国家标准的要求，且作业方式选择不当；③涉事公司特种设备安全管理制度和岗位责任制未落实，对本单位特种设备及其作业人员疏于管理，对员工特种设备安全教育和技能培训不到位，对路面不平整等叉车作业环境存在的事故隐患未采取有效措施予以消除，安全防范意识淡薄。

5.3.3 弯道未慢行

案例

事故概况：2019年5月14日，浙江省湖州市某公司员工驾驶观光列车实际载客38名进入U形回头弯道，在车辆弯道出弯过程中，末节车厢出现明显侧向滑移（甩尾）后发生侧翻。本起事故造成1人死亡、5人受伤。

事故直接原因分析：①观光列车在弯道内行驶时，在转弯半径偏小、车速过快和路面横向摩阻系数偏小等因素的综合作用下，末节车厢首先超过侧滑临界速度条件，在弯道中发生了侧向滑移；②路面极限横向摩阻系数变化和路面不平等因素的综合影响，车厢在轮胎摩擦力作用下停止横向运动，在突然制停产生的惯性力和乘客重心偏移过大的共同作用下，使得车厢沿其倾覆线失稳侧翻；③末节车厢乘客脱离车厢并因挤压和拖动造成重伤，其中1人经抢救无效死亡，其余5名乘客受伤。

事故间接原因分析：①涉事公司特种设备安全管理不到位，在观光车持证作业人员充足的情况下仍允许无证员工作业；从业人员教育培训不到位，部分安全管理人员对特种设备不熟悉、不认知，对相应的特种设备安全管理制度、安全操作规程等把关不严，对景区内观光车辆行驶路线上的危险源辨识不力，对行驶路线中 U 形弯道等转弯半径较小之处未设置速度限制等安全警示标志；未按规定随车配备安全员，未对乘客安全带束缚状况实施有效监管措施。②涉事司机未取得特种设备作业人员证从事驾驶作业，未按规定在指定位置上下客；因安全操作技能不足，在雨后地面摩擦系数减小的弯道中行驶时，选择的转弯半径偏小、车速偏快，导致末节车厢发生侧滑并侧翻。③乘客乘用观光列车时未按规定系好安全带，在车厢弯道行驶离心力、侧滑突然停止的惯性力作用下，乘客重心大幅度偏移最终加剧车厢侧翻。

5.3.4　场地狭窄

事故概况：2016 年 5 月 29 日，江苏省南通市某公司一名表面处理工段长在货物存储车间驾驶叉车运载货物从东往西行驶，不慎碰到公司一名女工身体，将她挤压在叉车与货物之间，致其当场死亡。

事故直接原因分析：涉事工段长在无证驾驶叉车时，疏于观察周围环境是导致这起事故发生的直接原因。

事故间接原因分析：①涉事公司落实特种设备安全管理责任不到位，表面处理车间噪声较大，电梯间货物堆放过于拥挤；作业场地狭窄。②涉事公司作业现场隐患排查治理不彻底，安全监管措施缺失。③涉事公司对员工安全教育培训不到位，事故叉车

专职持证司机未能严格执行叉车安全操作规程，在叉车熄火后未及时拔下叉车钥匙妥善保管。

5.3.5 光线不足

案例

事故概况： 2015 年 7 月 31 日，天津市某公司生产 A 班叉车司机驾驶叉车进行成品运输作业，当行驶至公司加气生产车间成品挑运作业区（生产车间厂房西南角近东侧位置）时，将躺在该区域地上的 A 班打包工碾轧。急救人员到达事故现场后，发现该打包工已当场死亡。

事故直接原因分析： ①涉事打包工忽视安全警示标志，在叉车作业区域躺卧休息，安全防范意识差；②叉车司机违反涉事公司叉车安全操作规程，在现场照明光线不足、视线不好（阴天）的情况下转弯上坡，未发出鸣笛信号，观察不周。

事故间接原因分析： ①涉事公司安全管理架构混乱，权责不清，安全职责与部门、岗位不匹配，体系不健全，未依法配备专职安全管理人员；②涉事公司安全管理制度不健全，劳动组织不严密，上岗时间规定不严格，随意性较大；③涉事公司劳动纪律执行不力，车间作业人员随意穿越、停留在成品库叉车作业区域；④涉事公司现场安全检查不到位，对睡岗等违反班组制度的行为没有检查记录和处罚记录，缺少纠正此类行为的措施；⑤涉事公司成品库作业区域夜间照明不足，叉车行驶道路未画线标识；⑥涉事公司对叉车未经检验并办理登记。

5.3.6　噪声过大

案例

事故概况：2017年3月26日，江苏省镇江市某公司叉车司机驾驶一辆蓄电池平衡重叉车，装载该公司四号仓库东侧灌装线用尼龙包包装的多聚甲醛成品两袋（总重量为1吨，货物离地面高度1.82米左右，阻挡了司机向前行驶的视线）。此时，一名品管人员走出化验室去现场取样，行走在叉车运行道路的偏左侧区域。由于叉车司机违章操作，并且提前向左转向偏离了正常靠右侧运行的行驶路线，加之该道路东侧车间设备运行噪声过大，该品管人员行走时未能察觉后方叉车运行危险的存在，被叉车碰撞倒地后遭前轮碾轧，经抢救无效死亡。

事故直接原因分析：①品管人员自我安全防护意识淡薄，通过道路时未能注意观察道路安全状况。②叉车行驶道路周边环境噪声过大，完全覆盖了电动叉车运行时的声响，影响行人预判车辆伤害危险发生的可能。叉车司机违章作业，操作叉车装载货物，在货物遮挡视线情况下，未按叉车操作规范倒行并违规偏离正常的行车路线，导致品管人员被碰撞倒地遭碾轧致死。

事故间接原因分析：①涉事公司落实安全管理制度不到位，厂区内道路交通标志不清，未标明叉车作业、行人行走的区域范围；②涉事公司对作业人员执行安全制度和作业规程管理不严，对发生违章作业的情况处理不到位。

5.3.7 天气因素

案例 1

事故概况：2018 年 7 月 3 日，黑龙江省哈尔滨市某公司发生一起叉车侧翻事故，叉车司机被砸伤，被送往医院经抢救无效死亡。

事故直接原因分析：叉车司机在驾驶叉车时，因天空忽降大雨，雨水在轮胎与路面形成一层水膜使叉车两侧轮胎制动力矩不一致，叉车整体向行驶方向的左侧偏转，导致其操纵不当，造成叉车行至坡下发生侧翻，并将其头部砸伤致死。

事故间接原因分析：①忽降大雨以及坡路的行驶环境，使得叉车在制动时偏转，同时大雨造成叉车司机视线不清、操作不当。②涉事公司安全管理不到位。叉车司机虽然经过培训但尚未取得有效叉车作业人员证，擅自驾驶叉车，且叉车尚未办理使用登记证。

案例 2

事故概况：2019 年 3 月 31 日，湖北省宜昌市某公司生产二线叉车司机在操作叉车过程中，因暴雨路滑将脱硫塔循环水池的防护围墙撞倒，司机连同所驾驶的叉车都坠入水池里，经抢救无效死亡。

事故直接原因分析：叉车司机在夜间雨大、路面相对湿滑且视线不佳的情况下，在驾驶叉车运载货物过程中操作、处置不当，导致叉车撞倒脱硫塔循环水池的防护围墙后坠入水池中，致其溺水死亡。

事故间接原因分析：①涉事公司安全管理制度不健全且落实不到位。一是未依法配足特种设备安全管理人员；二是未依法对特种设备作业人员进行必要的安全教育和技能培训，经调查未发现死者的安全教育培训记录；三是岗位责任不明确，新购特种设备未与安全管理部门交接，导致存在安全管理漏洞；四是未依法及时向检验机构申报特种设备检验并办理特种设备使用登记证。②涉事公司特种设备使用区域安全距离不够，安全防护措施不到位。一是事故发生地建造的脱硫塔循环水池使叉车行驶道路路面由宽变窄，叉车行驶存在风险；二是脱硫塔循环水池防护围墙由砖土结构直接砌成，无固定根基及钢筋加固设施，未达到确保车辆行驶的安全标准；三是脱硫塔循环水池未建造符合标准的防溺水设施。

5.4　与单位管理因素有关的事故案例分析

5.4.1　员工安全教育培训不到位

案例

事故概况：2020 年 2 月 20 日，重庆市某公司在叉车司机操作叉车将纸板送到货车上的过程中，允许一名装卸工站在纸板上踩住纸板。在叉车将货叉举升至 2 米多高时，该装卸工跌落至地面受伤，经抢救无效死亡。

事故直接原因分析：①叉车司机违规作业，作为持有有效叉车作业人员证的驾驶员，明知叉车作业时货叉上禁止站人，却在运行时允许装卸工站在货叉纸板上，致使其在货叉举升至高处时跌落地面；②装卸工安全意识淡薄，在明知站在货叉上作业非常危险的情况下，仍然坚持站在运行的叉车货叉纸板上。

事故间接原因分析：①涉事公司安全管理制度不落实。公司有特种设备安全管理制度和叉车安全操作规程，但制度停留在纸上、挂在墙上，流于形式，落实不严，对外出作业员工管理不到位，作业现场无人管理、无人指挥，驾驶员在视线不清的情况下仍然进行操作。②涉事公司对员工安全教育培训不到位。涉事公司的安全教育培训仅限于开会提要求，未进行专业知识培训和考核，特别是普通员工缺乏安全教育，致使员工安全意识淡薄，明知不安全仍然站在车载活动纸板上，明知违反安全操作规程却违规作业。③涉事公司应急演练针对性不强。公司特种设备应急预案操作性、针对性不强，对可能发生的事故预想设置不明、不全，情况单一，应对措施不到位，叉车司机对违规操作可能发生的问题不清楚，存在麻痹思想和侥幸心理。

5.4.2 车辆管理不规范

案例 1

事故概况：2019 年 5 月 25 日，广东省梅州市某公司北区污水处理站附近路段发生一起叉车侧翻事故，造成叉车司机被压受伤，送医院后经抢救无效死亡。

事故直接原因分析：叉车司机私自配置叉车钥匙，未经允许把叉车当作交通运输工具，驾驶叉车时未系安全带，而且驾驶技术不熟练、行车速度过快，造成叉车失控侧翻。

事故间接原因分析：①涉事公司主体责任落实不到位。一是公司内部管理制度不完善，未建立叉车使用审批制度和交接班制度，叉车钥匙无专人统一管理；夜班叉车作业人员使用叉车后钥匙管理混乱，给涉事叉车司机私下配置叉车钥匙创造条件。二是涉事公司安全管理不到位，安全生产第一责任人安全意识不强，对公司安全生产主体责任的执行和落实情况缺乏监督，未能发现公司叉车日常安全管理过程中存在制度不完善和使用行为不规范问题；叉车管理人员未能履行好安全管理职责，对公司制定的制度未能有效执行，疏于对夜班叉车作业人员使用钥匙的管理。三是公司安全教育培训不到位，虽对员工进行安全教育培训，但是培训的内容针对性不强、千篇一律，工作流于形式。②涉事叉车司机安全意识淡薄，违反法律法规规定，在明知自己未取得特种设备作业人员证的情况下，把叉车当作交通运输工具使用。

案例 2

事故概况：2016 年 6 月 11 日，江苏省南通市某公司叉车司机在驾驶电瓶叉车时，叉车发生侧翻，其头部被叉车压住，被送医院后经抢救无效死亡。

事故直接原因分析：叉车司机无证驾驶叉车，在坡道上倒车时，将叉车的空货叉抬得过高，使叉车重心偏高导致侧翻是这起事故发生的直接原因。

事故间接原因分析：①涉事公司特种设备安全管理责任落实

不到位，隐患排查治理不彻底，作业现场安全监管措施缺失，叉车安全操作规程未严格落实；②事故叉车专职持证司机未能严格执行叉车安全操作规程，在叉车熄火后未及时拔下叉车钥匙并保管好；③相关部门特种设备安全监管工作不到位。

5.4.3 作业现场管理缺失

案例 1

事故概况：2015 年 1 月 10 日，广东省江门市某公司利用叉车运送砂管纸到货车上，因货车门关不上，货车司机便要求叉车司机用叉车撞击砂管纸。在撞击过程中，货车司机被叉车上的滚动的砂管纸击中，并压在两辊砂管纸之间受伤严重，送医院后经抢救无效死亡。

事故直接原因分析：①涉事公司现场作业人员安全意识淡薄，违反安全管理规定，在叉运与装货作业时，对人站在货车仓内的危险性预见不足，并且相互缺乏沟通与协调，在撞击砂管纸时没有现场指挥、叉车前方视线不良的情况下，叉车司机仅凭个人的主观臆断就驱动叉车前进撞击。此时，货车司机未有任何示意就弯腰摆弄货物，导致事故的发生。②涉事公司作业现场管理制度缺失，监护措施不到位。在叉运过程中，公司只有一名仓管员负责登记出库的砂管纸的重量与编码，未设专门人员对叉运和装货的过程进行监督管理和组织指挥。作业现场监护措施不到位，无人对利用叉车撞击砂管纸的违规行为加以阻止。

事故间接原因分析：①涉事公司安全管理不到位。涉事叉车司机未取得特种设备作业人员证上岗作业，事故发生当天其驾驶的备用叉车也未经检测检验合格并注册登记，但公司的管理层和相关部门负责人对此未加以重视。②涉事公司安全教育培训不到位。叉车司机接受安全教育培训不足，不了解有关的安全管理制度和安全操作规程，在叉运过程中违规操作。

案例 2

事故概况：2015 年 6 月 28 日，青海省西宁市某公司内，电解厂工艺车队按照公司安排配合组装车间进行阳极叉运作业。工艺车队一班一名叉车司机驾驶叉车进行阳极叉运作业，在驾驶空叉车返回组装车间时，在车间西门口将组装车间一名员工撞伤。

事故直接原因分析：涉事公司电解厂组装车间在进行阳极叉运作业时，现场无指挥人员，冒险作业、违章操作，是这起事故发生的直接原因。

事故间接原因分析：①涉事公司电解厂组装车间安全管理工作不到位，交叉作业及规章制度落实不到位，作业现场管理混乱且照明设施配置不足，安全管理存在漏洞；②涉事公司对员工的安全教育培训不到位，员工安全意识淡薄，自我防范意识差，心存侥幸心理，对事故隐患识别能力弱。

案例 3

事故概况：2011 年 3 月 23 日，某公司车间顶面涂料施工队 3 名工人到新印花车间进行施工，3 人都站在自制脚手架作

业层粉刷顶面涂料，脚手架长约4.65米、宽约3.35米，底部有轮子，作业层四周无防护栏杆，距地面高约7米，3人均未采取可靠安全防护措施。一名叉车司机驾驶叉车装载水洗机水箱，从新印花车间由东往西行驶。当路经3人施工使用的脚手架时，叉车装载的水洗机水箱撞击脚手架东北侧立杆，脚手架发生旋动，致使站立在脚手架作业层东南角的一名工人从高处坠落受伤，送医院经抢救无效死亡。

事故直接原因分析：叉车撞击施工用的脚手架，工人高处作业缺乏可靠的安全防护措施。

事故间接原因分析：①叉车司机驾驶未经检测、未登记注册的叉车，且未取得特种设备作业人员证。②涉事公司将建设工程承包给不具有相应资质的个人，雇请未取得特种设备作业人员证的叉车司机上岗作业。③涂料施工队工人不具备相应的资质承接工程，工程负责人不具备建设工程施工相应的安全生产知识和管理能力；组织施工过程中，脚手架作业层和工人高处作业未按规范要求采取可靠的安全防护措施。④涉事公司安排叉车与车间粉刷施工队在同一区域内进行生产经营活动，双方未签订安全管理协议，未明确各自职责和采取相应安全措施，未指定安全管理人员进行安全检查与协调。

案例4

事故概况：2017年5月12日，浙江省杭州市某公司装卸劳务工驾驶叉车从环锭生产二车间将棉纱装车后准备运至

6 号仓库，因下雨防湿，在棉纱上罩了铁架防水罩。搬运过程中，公司中央空调及空调管道安装承包单位一名员工从叉车左后方绕行至叉车右侧，此时叉车上装载的棉纱和铁架防水罩整体向右侧倾覆，将该员工压住致其当场死亡。

事故直接原因分析：叉车作业人员安全意识淡薄、思想麻痹、观察不仔细，在未确保叉车装载货物稳定的情况下违章作业，导致驾驶过程中装载的棉纱和铁架防水罩倾覆，压住安装承包单位一名员工致其死亡。

事故间接原因分析：①涉事公司未履行特种设备安全主体责任。未建立特种设备安全管理机构，未定期开展特种设备安全检查，未进行相关交叉作业危险性告知，发现事故隐患未及时整改；叉车使用管理不当，没有定期开展事故隐患排查，对叉车作业过程中的事故隐患没有及时发现并及时有效督促整改。②涉事公司未对员工进行特种设备安全教育培训，未保证叉车司机具备必要的安全操作技能。

案例 5

事故概况：2020 年 6 月 13 日，贵州省贵阳市某公司一名员工正站在脚手架上粉刷 1 号车间内墙，从旁边经过的正在运送成品桶装水的叉车不慎撞倒该员工的脚手架，致其从脚手架上坠落，头部严重受伤，经救治无效死亡。

事故直接原因分析：叉车司机未取得特种设备作业证驾驶叉车，在运送成品桶装水的过程中，不慎撞倒粉刷作业员工的脚手

架，导致该员工高处坠落，造成其头部严重受伤，经救治无效死亡。

事故间接原因分析：①涉事公司未落实特种设备安全管理制度和岗位职责，相关负责人在事故前就了解涉事叉车司机无特种设备作业人员证的问题，但仍让其无证上岗作业；②涉事公司对车间作业安全管理工作失职，未检查发现粉刷作业现场及施工人员未设置安全防护措施。

案例 6

事故概况：2020 年 9 月 27 日，浙江省金华市某公司一名员工走出公司包装车间，恰逢公司仓库管理员驾驶叉车运输一卷钢卷从包装车间门口经过，叉车与该员工同向而行。由于该员工低头看手机未注意后方有来车，斜着走向叉车行进正前方，被叉车撞倒并碾轧，当场死亡。

事故直接原因分析：①涉事公司仓库管理员安全意识淡薄，无特种设备作业人员证驾驶叉车作业，并超过厂区规定速度行驶，行进中未注意观察行人，应急操作不当将油门当刹车；②涉事员工安全意识淡薄，低头看手机在厂区内行走，未注意后方来车，斜着走向叉车正前方。

事故间接原因分析：①涉事公司安全主体责任落实不到位，特种设备安全管理不到位，安全操作规程不完善，安全制度执行不严，厂区内未设置行人专用通道；②涉事公司主要负责人安全意识淡薄，安全职责落实不到位，对企业特种设备安全管理不到位；③涉事公司物流部部长作为涉事仓库管理员的主管领导，未及时制止其无证驾驶叉车的违法行为，特种设备安全管理不到位。

5.4.4　作业环境管理不完善

案例 1

事故概况：2015 年 10 月 24 日，青海省海西蒙古族藏族自治州某公司叉车司机驾驶叉车运送货物，行驶经过锅炉房上煤仓门口时，将一名正在打扫卫生的上煤工碾轧至叉车托盘底部受伤，送医院经抢救无效死亡。

事故直接原因分析：由于事故现场已破坏，根据现场还原勘察和对涉事叉车的行走、制动、起升、照明装置进行测试，排除设备本体和超载不安全因素。叉车司机（事发时处于试用期）在驾驶叉车运载 2 吨重的氯化钙（距地面高度 1.9 米）时，载物阻挡了视线，无法正确观察行驶方向的路况，未采取正确措施，依据叉车制造单位提供的《内燃平衡重式叉车使用维护说明》和《内燃平衡重式叉车司机手册》中有关载物阻挡视线应倒车行驶或由专人指挥的要求，当时的正向行驶属违章作业，是造成这起事故的直接原因。

事故间接原因分析：①由于事故发生于夜间，且叉车为 24 小时不定时运行，行驶路线照明不足，事故发生路段安全警示标志不醒目；行驶路线中锅炉房上煤仓门口作业区域未隔离，未对叉车日常运行安全进行有效管理。②涉事公司未依据《中华人民共和国特种设备安全法》履行场（厂）内专用机动车辆安全管理责任，未制定切实可行的安全管理制度和安全操作规程并督促执

行；聘用未取得特种设备作业人员证人员操作叉车。③涉事叉车司机在载物阻挡视线，无法正确观察行驶方向路况的情况下，未采取倒车或由专人指挥行驶的正确措施，违章作业。④涉事公司未对违章作业进行有效的制止。

案例 2

事故概况：2019 年 3 月 27 日，宁夏回族自治区中卫市某公司叉车司机驾驶叉车在厂区运送沙包时，将厂区一名保洁人员撞倒并碾轧，后经抢救无效死亡。

事故直接原因分析：涉事公司叉车司机作为车间包装工，未取得特种设备作业人员证驾驶叉车，撞倒并碾轧保洁人员致其死亡。

事故间接原因分析：①涉事公司安全生产主体责任履行不到位，涉事叉车未检验并办理使用登记；未建立安全生产责任制度，未设立安全管理机构，未制定事故应急救援预案并开展应急演练；未设置车辆行驶路线安全警示标志；安排未取得特种设备作业人员证的人员驾驶叉车。②涉事公司主要负责人安全管理职责履行不到位；对员工安全教育培训不到位；安全管理存在漏洞；未开展叉车日常安全检查，未发现车辆没有办理使用登记和检验手续；允许未取得特种设备作业员工证的员工从事叉车操作。

案例3

事故概况：2019年3月11日，广东省东莞市某加工厂叉车司机（该厂经营者）在倒车过程中，将一名女童撞倒、碾轧，致其当场死亡。

事故直接原因分析：叉车司机在驾驶叉车倒车作业过程中，未确认后方的情况，将女童碾轧致死。

事故间接原因分析：①叉车司机作为受害女童的监护人未履行好监护责任，任由女童进入叉车的作业区域；②涉事加工厂叉车安全管理不到位，未制定叉车安全操作规程，未在叉车作业区域设置相关警示说明和警示标志，未阻止无关人员进入叉车作业区域；③叉车司机未持有特种设备作业人员证，违法操作叉车；④涉事叉车后视镜模糊不清，存在较大的视野盲区。

5.4.5 租赁管理制度未落实

案例

事故概况：2017年3月7日，江苏省苏州市某公司仓库内，叉车司机操作叉车叉起了两卷原纸，然后开始倒车。在叉车叉齿放下快到地面的时候，两卷原纸向货车方向倒去，撞到货车司机致其倒地受伤，经抢救无效死亡。

事故直接原因分析：叉车司机在原纸卸货过程中，操作不当导致原纸翻倒，撞倒货车司机致其颈部受伤，经120急救人员现场抢救无效死亡。

事故间接原因分析：①涉事公司特种设备安全管理制度不完善，未保证特种设备安全运行，未落实特种设备安全管理人员、作业人员持证上岗规定和员工安全教育培训要求，未建立完备的特种设备档案，使用未经使用登记和未经检验的叉车，未有效制止无证操作叉车行为；②涉事公司主要负责人安全管理能力和安全意识不强，特种设备管理不到位，安全生产主体责任未落实到位；③涉事叉车出租方在叉车未办理使用登记和未经检验的情况下将叉车租赁给涉事公司，同时所租赁的叉车在工作性能上存在隐患；④涉事货物承运单位运输管理不到位和日常安全教育不到位，货车司机在卸货过程中未远离卸货区域至安全距离；⑤涉事叉车出租方未与租赁方签订专门的安全管理协议，或者在承包合同、租赁合同中约定各自的安全管理职责。